皮埃蒙特牛

德国黄牛

三河牛

西门塔尔牛

夏洛来牛（王惠生提供）

利木赞牛

安格斯牛(王
惠生提供)

秦川牛

3

南阳牛

鲁西牛

4

奶牛双列式散放饲养（秦志锐提供）

单排自由牛床
（秦志锐提供）

犊牛棚养方式
（秦志锐提供）

5

散放饲养饮水系统（秦志锐提供）

肥育牛舍（王加启提供）

头对头双列式牛棚（王加启提供）

6

肥育牛运动场

青贮铡碎机（王加启提供）

装填与压实（秦志锐提供）

7

地上式青贮（王加启提供）

用氨枪向草垛内通入氨气（王加启提供）

全自动化挤奶（秦志锐提供）

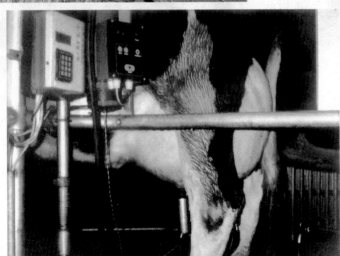

奶牛肉牛高产技术

（修 订 版）

林诚玉　陈幼春　编著

金盾出版社

内 容 提 要

本书由中国农业科学院畜牧研究所的研究人员编著。修订版是编著者根据最新资料,对原版进行全面修订而成的。内容包括:我国养牛业的生产水平和发展趋势,适宜牛种的选择,牛的体型选择,牛的繁殖,牛的消化特点和营养需要,牛的饲料加工,奶牛的饲养,肉牛的饲养,挤奶,牛群的管理等10章。本书内容丰富,语言通俗易懂,技术科学实用。适于牛场职工、养牛专业户、基层畜牧兽医技术人员以及有关院校师生阅读参考。

图书在版编目(CIP)数据

奶牛肉牛高产技术/林诚玉,陈幼春编著. —修订版. —北京:金盾出版社,2004.6
ISBN 978-7-5082-2973-7

Ⅰ. 奶… Ⅱ.①林…②陈… Ⅲ.①乳牛-饲养管理②肉牛-饲养管理 Ⅳ. S823.9

中国版本图书馆 CIP 数据核字(2004)第 035574 号

金盾出版社出版、总发行

北京太平路 5 号(地铁万寿路站往南)
邮政编码:100036 电话:68214039 83219215
传真:68276683 网址:www.jdcbs.cn
彩色印刷:北京百花彩印有限公司
黑白印刷:北京金盾印刷厂
装订:东杨庄装订厂
各地新华书店经销

开本:787×1092 1/32 印张:6.25 彩页:8 字数:133 千字
2009 年 2 月修订版第 19 次印刷
印数:315001—330000 册 定价:7.50 元

(凡购买金盾出版社的图书,如有缺页、
倒页、脱页者,本社发行部负责调换)

目　录

第一章 我国养牛业的生产
水平和发展趋势

一、发展养牛业的意义

养牛是畜牧业的重要组成部分。从世界范围看,在畜牧业中,养牛业不论在数量上还是在产值上都居首位。目前,全世界约有牛 15 亿头,其中我国存栏牛 1.28 亿头。按牛单位(1 头牛 = 1 匹马 = 5 头猪 = 10 只羊 = 100 只鸡)计算,牛的数量远较其他牲畜多。

发达国家的养牛业是畜牧业的主要内容,牛肉、牛奶是人们食品的主要组成部分。据 1997 年世界畜牧业生产统计,世界人均奶占有量是 94 千克。奶牛以它自身具有的高产奶能力而被称为"人类的养母"。牛肉是人们的主要肉食,其消费量占各种肉类的 29%。牛是草食家畜,粗饲料利用率高。牛对粗纤维的消化率平均为 55% ~ 65%。养牛既不与人争粮食,又能将农作物秸秆转化为肉和奶,非常符合我国国情。我国因土地资源的限制,不可能拿出那么多粮食投入到畜牧业上,但农作物秸秆非常丰富,用氨化、盐化、碱化和青贮秸秆养牛,就可解决饲料的不足,使养牛业得以有力地保障,进而丰富和满足了人们对动物蛋白质日益增长的需要。因此,奶牛和肉牛业,是改善我国人民食品结构的最经济实惠而又最有前途的事业。

养牛省人工,成本低,把养牛业作为农村经济新的增长点,不仅必要,而且可能。

据报道,2000年末我国养牛总头数达1.28亿头,其中黄牛达9 656.5万头,奶牛600万头。牛肉产量达532.8万吨,比1985年的46.7万吨增加1 041%,即10倍以上的增幅。每头存栏牛的胴体重为134.3千克,比1985年的102.3千克提高了31.3%,显示了我国养牛的巨大潜力,养牛的水平不断提高。据调查,农民饲养1头奶牛,可获纯利2 500~3 000元,饲养1头肉牛,可获利700元。由于养牛的利润好,农民养牛的积极性较高。

二、我国养牛业的发展趋势

养牛业在我国是极具发展潜力的朝阳产业,把养牛业作为农村经济新的增长点,是充分利用秸秆和劳力资源,加快脱贫致富的有效途径,关键要靠国家政策的引导和政府的积极扶持。当前,养牛户资金不足,社会化服务体系不够完善,部分地区存在卖牛难、卖奶难、引种难、配种难、防病治病难等问题,严重制约着我国养牛业的发展。根据生产和市场的现状,我国养牛业发展将是如下的趋势。

第一,在生产方式上,要逐步实行规模饲养。我国牛奶业的所有制成分构成,在1978年以前,国有占94%。到了1997年,调整到国有占16.3%,集体占6.84%,户养占76.86%。目前,户养已占主导地位。例如,北京的国有奶牛场,将退出一般性商品生产,退出近郊,让远郊农民去养。为保证原料奶和牛肉质量,户养也将逐渐由分散向集中发展,实行规模饲养。

第二,完善社会化服务体系。为帮助农户克服引种难、卖牛难、卖奶难、防病治病难等后顾之忧,养牛业将由公司牵头,通过"公司＋基地＋农户"等途径,走生产、加工、销售一体化的路子。公司提供收购、配种、防疫和供应饲料等服务,对养牛户实行价格保护。石家庄的三鹿集团,带动周围3个县1万个农户饲养了3万头奶牛。江西省金牛集团,带动300个农户养了7 000头奶牛。实践证明,这是中国养牛业发展的成功经验。

第三,在饲养方式上,应走节粮型畜牧业的道路。从我国的饲料资源看,可用于畜牧业的粮食有限,但是有大量农作物秸秆,其数量相当于北方草原每年打草量的50倍。此外,农区还有大量棉籽饼(粕)、菜籽饼(粕)、糠麸等农作物加工副产品,可以作为草食家畜廉价的精饲料。牛、羊作为草食家畜,能够利用饲料中的粗纤维,还能充分利用低等生物的蛋白质和非蛋白氮,在很大程度上可避免与其他牲畜争夺饲料资源。奶是饲料转化率最高的畜产品,奶牛能将饲料中能量的20%、蛋白质的23%～30%转化到奶中,用1千克饲料喂养奶牛所获得的动物蛋白质比喂猪高2倍。在人口增长对土地和粮食压力日益增加的情况下,以较少的精料投入,用大量不能养猪、养鸡的青粗饲料去喂养奶牛和肉牛,无疑是最佳的选择。

第四,在饲养品种上,大中城市郊区,宜饲养纯奶用品种牛。在广大地区,发展兼用型牛是较有前途的。在奶牛发展条件还不成熟的阶段,肉牛可以成为经营养牛业的开端,而最终形成独立的奶牛业、肉牛业和兼用型的养牛产业。

第二章　适宜牛种的选择

畜禽良种的培育、引进和推广是畜牧业发展的基础之一,也是畜牧业技术进步的重要标志。近30年来,我国的黄牛改良工作始终没有中断过,趋势是逐步走向规模化经营,表现在连片改良,形成种群,出现养牛大户和专业户。牛种的选择深受农民和基层干部的关心,20世纪70年代后期,国家有关部门引入22个牛种。奶用的北美大型荷斯坦牛、澳洲荷斯坦牛;偏兼用的欧洲型荷斯坦牛、丹麦红牛和英国短角牛;兼用的西门塔尔牛和瑞士褐牛;肉用的海福特牛、林肯牛、肉用短角牛、安格斯牛、夏洛来牛、利木赞牛、无角红牛、肉牛王;瘤牛型的澳洲抗旱王牛、辛地红牛。近期又引入娟姗牛、德国黄牛、蒙贝利亚牛,以及以胚胎和精液形式引入的皮埃蒙特牛和契安尼娜牛。这些大多是近代世界的名种牛,它们与黄牛的杂交一代都表现出良好的适应性和生产能力,其杂交二代和三代个体在不同的经济条件与自然环境下,经受了严格的筛选,有的在全国范围内起着重要的作用,如荷斯坦牛和西门塔尔牛。为便于不同地区根据需要选择相应的牛种,现介绍一些我国引入品种的情况和我国固有的地方良种。

一、优良牛种

(一)荷斯坦牛(原名黑白花牛)

1. **原产地** 荷斯坦牛起源于欧洲莱茵河三角洲。我国由荷兰引进,曾名荷兰牛;后又从丹麦、德国、前苏联、美国、加拿大等国进口种牛或冷冻精液。用它改良各地的原有牛种,形成目前的中国荷斯坦牛。

2. **外貌特征** 荷斯坦牛的主要毛色是黑白花,少数为红白花,是红色基因纯化的结果。荷斯坦牛有奶用型和兼用型之分。奶用型牛的体躯很高,轮廓清秀,角部清瘦,骨突明显,鬐甲狭长,后躯宽长,全身呈楔形。乳房紧凑不下垂,前伸后展明显,四乳区发育均衡,乳房中隔显而不深,附着好,支撑坚韧,后附着部高而宽;乳头大小适中,四乳头间距不过宽,乳静脉曲张怒突,皮肤红润。北美荷斯坦牛属这一类型。公牛体高143～147厘米,体重900～1 200千克;母牛体高130～135厘米,体重650～750千克。

兼用型荷斯坦牛,体躯较壮实,偏矮,肌肉度和膘度较丰满,颈稍粗,鬐甲不狭瘦,背较宽厚,臀部比较丰满,大腿不纤细,乳房形态和结构基本上同奶用型牛,一般情况乳房的向后伸展程度稍差,下垂的稍多。欧洲弗里生牛属此类型。公牛体高135厘米,体重900～1 000千克;母牛体高125厘米,体重550～750千克。新西兰荷斯坦牛体格较小,体型偏奶用型。

3. **在我国的分布与生产性能** 据2001年报道,我国荷斯坦牛有566.2万头左右,主要分布在全国大中城市郊区和黑龙江省西部草地,前者主要供应鲜奶,后者为我国主要的加工奶源基地。中国奶牛协会1996年调查14省、市、自治区的荷斯坦牛成年母牛49 549头,年平均产奶量达到8 000千克以上的牛有3 940头,占调查数的7.95%。平均乳脂率在3.4%以上、年平均产奶量在6 000千克以上的有49 549头,占调查牛数的100%(表2-1)。

表2-1 我国的荷斯坦牛生产情况

年平均产奶量 (千克)	牛群数 (群)	母牛头数 (头)	所占比例 (%)
8000 以上	10	3940	7.95
7000～7999	53	14793	29.86

年平均产奶量 （千克）	牛群数 （群）	母牛头数 （头）	所占比例 （%）
6000～6999	144	30816	62.19
共　计	207	49549	100.00

注：中国奶牛协会 1996 年对 14 个省、市、自治区的调查

　　从表 2-1 中可以看出我国优秀牛群的产奶情况，这些牛群大部分分布在北京、上海、天津等大城市郊区。但与养奶牛先进国家比较，我国每头奶牛的年平均产奶量仅为美国和以色列平均产奶量的一半，这说明我国荷斯坦牛的增产潜力是很大的。因此，提高每头牛一个泌乳期内的产奶量和奶质量，是当前工作的重点。在提高质量的基础上，再增加奶牛数量，这是我国奶牛业发展的方向。

　　4. 引种时应注意的事项　牛的引种要看种公牛个体的遗传能力。2 头种公牛有同样育种值，由于所产国家的遗传基础不同，基础低的那头公牛改良作用较小。如据墨西哥统计，美国公牛的育种优势比墨西哥的高 318 千克，比加拿大的高 276.2 千克。世界上主产荷斯坦牛的国家，在波兰测试竞赛，结果以美国的最好，以色列和新西兰的居次，然后是加拿大、瑞典和丹麦等国的。因此，购买种公牛要考虑种公牛自身的育种值，同时参考公牛的原产国。在我国经过统一的后裔鉴定后，其得出的育种值可被采纳，不必再考虑国别。

　　我国各省、自治区、直辖市的饲养条件差异很大，在一个省的范围内各地区的差别也很大。美国、加拿大等大型纯奶用荷斯坦牛，不一定在所有地方都表现为最高产。如黑龙江省有的县或场内的丹麦荷斯坦牛表现很高产，有的则是德国的荷斯坦牛表现高产。我国深圳引入新西兰的荷斯坦牛，原

产国以草地放牧,不喂精料,在我国南方生产性能发挥良好;而美国的荷斯坦牛在我国南方产量则较低。这些情况可供新发展饲养荷斯坦牛的地区参考。

(二)瑞士褐牛

1. **原产地** 瑞士褐牛是为世人所欢迎的名种,它的遗传改进在美国取得最佳成效。目前美国的瑞士褐牛反而被大量引回欧洲,用以改良瑞士、奥地利、俄罗斯等地的褐牛。该系统的牛全为褐色,故得名。

2. **外貌特征** 体躯比西门塔尔牛稍小。头短而宽,额稍凹。角中等长,向前、向外上方弯曲。颈短粗,垂皮不发达。胸深,背线直,尻部宽而平,尾根略粗。四肢粗而结实,蹄质坚实。母牛乳房匀称,乳房附着和乳头形状好,乳腺组织发达。该品种牛皮肤厚,韧性强,毛色为浅灰褐色及深褐色,乳房和四肢下部有的个体毛色较浅,几乎呈白色。成年公牛体高146厘米,体重930千克;母牛体高135厘米,体重600千克。

3. **生产性能** 瑞士褐牛一般18月龄活重达485千克,屠宰率50%～60%。幼牛日增重为0.85～1.15千克。

最近几年,瑞士褐牛牛群生产性能提高较快。据美国调查,2002年该品种成年母牛305天产奶量已达到9 603千克。但1983年,成年母牛产奶量仅为6 575千克。乳脂率为4.1%,乳蛋白率为3.7%。在瑞士原产地,1998～1999年成年母牛有215 909头,每头年平均产奶6 011千克。在巴西,年产奶可达到6 200千克。

母牛产初胎年龄为29～30月龄,产犊间隔期为395天。双胎率为2%～4%,比其他牛高。

瑞士褐牛适应性强,生产性能高,遗传性稳定,被世界许多国家引入,除纯种繁育外,还用其改良当地牛。

4.在我国的分布与生产性能 我国进口的褐牛,最早是前苏联的科斯特罗姆牛和阿拉托乌牛,对新疆褐牛的形成起过重要作用。之后,瑞士和奥地利的褐牛对新疆褐牛育种又起到推动作用。但这些牛的产奶量,如奥地利褐牛1987年平均5 120千克,乳脂率为4.12%。不过,这些牛的适应性较好,从而构成了我国的奶肉兼用品种——新疆褐牛。由于瑞士褐牛的产奶能力不如荷斯坦牛,所以大中城市基本上没有饲养奶用褐牛的;在肉用上它比其他肉用和兼用品种并不优越,所以其他省、区引种的不多。但在新疆它已构成生产群体,受到足够的重视。多集中于天山北麓一带。抗寒、耐粗饲,适应草地放牧。

(三)娟姗牛

1.原产地 娟姗牛属小型乳用品种,原产于英吉利海峡南端的娟姗岛。由于娟姗岛自然环境条件适于养奶牛,加之当地农民的选育和良好的饲养条件,从而育成了性情温驯、乳脂率较高的乳用品种。

2.外貌特征 娟姗牛体躯小,清秀,轮廓清晰。头小而轻,两眼间距宽,眼大而明亮,额部稍凹陷,耳大而薄。鬐甲狭窄,肩直立,胸深宽,背腰平直,腹围大,尻长平宽,尾帚细长。四肢较细,关节明显,蹄小。乳房发育匀称,形状美观,乳静脉粗大而弯曲。后躯较前躯发达,体型呈楔形。

娟姗牛被毛细短而有光泽,毛色为深浅不同的褐色,以浅褐色为最多。鼻镜及舌为黑色,嘴、眼周围有浅色毛环,尾帚为黑色。成年公牛体高123～130厘米,体重650～750千克;成年母牛体高113.5厘米,体长133厘米,胸围154厘米,体重

340~450千克;犊牛初生重23~27千克。

3. **生产性能**　单位体重产奶量高,乳汁浓厚,乳脂肪球大,易于分离,乳脂黄色,风味好,适于制作黄油,其鲜奶及奶制品备受欢迎。2000年美国登记的娟姗牛平均产奶量为7215千克,乳脂率4.61%,乳蛋白率3.71%。

娟姗牛较耐热,适于热带、亚热带气候条件下饲养。我国于1997年从美国引入5头育成牛,平均头胎产奶4715千克,乳脂率5.34%,乳蛋白率4.16%,干物质率14.8%。这个品种牛的个体较小,不宜与大型牛混群放牧或同圈饲养。

(四)皮埃蒙特牛

1. **原产地**　皮埃蒙特牛因产于意大利北部的皮埃蒙特地区(首府都灵,意大利语为牛城)而得名。是意大利的新型肉用牛品种。

该品种牛原为役用牛,属于欧洲原牛与短角瘤牛的混合种,早在古罗马时代就有记载。20世纪60年代后积极向肉用方向选育,并成立了国家育种协会。1985年建成种公牛测定站,1991年开始公布后裔测定成绩。在后裔测定中,除初生重、生长速度、产犊难度和肌肉发育程度等项目外,特别注重产犊难度、活泼度、遗传常态、出生至18月龄的生长速度、背腰肌肉的发达程度、骨骼的细度和皮肤的弹力等。

2. **外貌特征**　体格大,体质结实,背腰较长而宽,全身肌肉很丰满。管围很细,皮薄。有角,中等大小,角形为平出稍前弯,角尖黑色。毛色为白晕色或浅灰色。公牛性成熟时,眼圈、颈、肩部及四肢下部为黑色。母牛全白,有的个体眼圈为浅灰色,耳廓为黑色。犊牛出生至断乳阶段毛色为乳黄色,4~6月龄胎毛褪去后,呈成年牛的毛色。各龄公、母牛的鼻镜部、蹄及尾帚均呈黑色。成年公牛体高 143 厘米,体重 1 100 千克;母牛体高 130 厘米,体重 600 千克。

据 1977～1986 年统计资料,犊牛平均初生重,公犊为 41.3 千克,母犊为 38.7 千克。因有的犊牛出生时体重大,出生死亡率达 4%,产活率 95%,流产率 1%。

3. 生产性能　皮埃蒙特牛以屠宰率及净肉率高、眼肌面积大、肉质鲜嫩而著名。由于选育注重肌肉发达程度和皮薄骨细,胴体含骨量较少,脂肪低,屠宰率及瘦肉率高,比较适合当今国际肉牛市场的需要。其纯种屠宰结果:胴体重 329.6 千克,屠宰率 68.23%,胴体净肉率 84.13%,含骨率 13.6%,脂肪率 1.5%,眼肌面积为 98.3 厘米^2。经后裔测定的种公牛,平均日增重可达 1.38 千克。

该牛泌乳期平均产乳量为 3 500 千克,乳脂率 4.17%,产乳量高于夏洛来牛及利木赞牛,即皮埃蒙特母牛在哺育犊牛方面优势显著。与中国黄牛杂交后所生杂种母牛,因其产乳量高,在三元杂交中做母系有利于犊牛培育。

我国 1986 年开始从意大利引进皮埃蒙特牛的冻精及胚胎,在山东省高密市、河南省南阳市及黑龙江省齐齐哈尔市等地设有胚胎中心,可不断扩繁种群及供种。在山东省高密市还繁育合成系公牛,于 1997 年开展三元杂交或四元杂交,已取得一定的改良效果。山东省平度市利用该品种牛与鲁西黄牛杂交,生产出可加工西式牛排的高档牛肉。在河南省与南阳牛杂交,杂种公牛在适度肥育下,18 月龄活重达 496 千克。

皮埃蒙特牛的冻精及胚胎已推广到我国的主要牛肉产区(或肉牛带),对我国的肉牛生产将起到一定的作用。

(五)婆罗门牛

1. 原产地 婆罗门牛是在美国育成的瘤牛品种。1849年当第一批瘤牛引进美国时,肉质不佳,产肉量不大,屠宰率低,因而在加入英国一些牛种血液的同时,还与印度的吉尔牛、坎克瑞吉牛、昂果尔牛等瘤牛品种进行杂交,经严格选育而成的。

2. 外貌特征 这个牛种体型外貌保留着印度瘤牛的特点。头或颜面部较长,耳大下垂。有角,两角间距离宽,角粗,中等长。公牛瘤峰隆起,母牛瘤峰较小。垂皮发达,公牛垂皮多由颈部、胸下一直延伸到腹下,与包皮相续。体躯较短,胸深适中,尻部稍斜,四肢较长,因而体格显得较高。母牛的乳房及乳头为中等大。皮肤松弛,一般都有色素。毛色多为银灰色,但也有深浅不同的红色、白色、棕色、灰色带白斑或黑斑的个体。多数公牛的颈及瘤峰部毛色较深。成年公牛体高150厘米,活重900千克。

3. 生产性能 婆罗门牛出肉率高,胴体质量好,肉质超过印度瘤牛。对饲料条件要求不严,能很好地利用低劣、干旱牧场上其他牛不能利用的粗质植物。也能适应围栏肥育管理,并具有很快上膘的性能。耐热,不受蜱、蚊和刺蝇等的过分干扰。对传染性角膜炎及眼癌有抵抗力。犊牛初生重小,但因母牛产乳量高,因此犊牛生长发育快。婆罗门牛利用年限长,合群性好,温驯,容易调教。

国内一些畜牧学家认为,婆罗门牛具有改良我国南方炎热地区黄牛转向肉用牛的特性:适应炎热气候及南方环境条件;和黄牛杂交顺产率高,很少有难产;与黄牛血缘关系远,杂交优势显著(一般杂交优势率达25%,超过其他品种间的杂种优势);能采食粗质植物,适于南方多灌木丛的草场放牧;四肢结实、灵活,蹄质坚硬,在山坡地行走自如;寿命长,一生所产犊牛比欧洲牛多 50% ~ 60%,保姆性及哺育犊牛效果好。

我国云南省成功扩繁了种群,并育出了婆墨云(BMY)新品种。

(六)德国黄牛

1. **原 产 地**　原产于德国,以拜恩州(巴伐利亚州)的维尔次堡、纽伦华、班贝格、特里尔和卡塞尔为中心产区。在毗邻的奥地利也有分布。该品种牛与西门塔尔牛血缘非常近,在育种过程中大量用过西门塔尔牛。

2. **外 貌 特 征**　体型近似西门塔尔牛。体躯长而欠宽阔,后躯发育好,全身肌肉丰满。毛色为棕黄色或红棕色,眼圈颜色较浅。

成年牛活重,公牛为 1 000 ~ 1 300 千克,母牛为 650 ~ 800千克。体高相应为 145 ~ 150 厘米和 130 ~ 135 厘米。

3. **生 产 性 能**　德国黄牛属于肉乳兼用品种,但无论产肉或产奶性能都略低于西门塔尔牛。去势小公牛肥育后,18 月龄活重达 600 ~ 700 千克。400 日龄活重,公牛为 519 千克,母牛为 377 千克。500 日龄活重公牛为 573 千克,141 ~ 500 日龄平均日增重为 1.16 千克,屠宰率为 63.7%。第八至第九肋间眼肌面积为 67.5 厘米^2。

该品种牛 1970 年良种登记,登入的母牛平均年产乳量为3 848 千克,乳脂率为 4.75%。参加生产性能测定的母牛,平均年产乳量为 3 544 千克,乳脂率为 4.08%。

据甘肃省畜牧技术推广总站 2003 年报道,用德国黄牛冻精与当地的西黄牛(西门塔尔牛×黄牛)进行三元杂交,在相同的条件下,12月龄德西黄杂种牛活重高于同龄的利西黄牛(利木赞牛×西黄牛)和西黄杂种牛。

(七)三 河 牛

1. 原产地 三河牛为乳肉兼用品种,原产于我国内蒙古自治区呼伦贝尔盟大兴安岭西麓的额尔古纳旗三河(根河、得勒布尔河、哈布尔河)地区及滨洲、滨绥铁路沿线。

据报道,该品种的血统来源有10个以上,主要是1912~1923年间从俄国运入的乳用杂种牛,其父系多为西门塔尔牛,还有雅罗斯拉夫牛等品种,群体血统较杂。1954年国家建立育种场(如谢尔塔拉种畜场等),开始系统选育工作。通过长期选育,群体质量显著提高,逐步育成耐寒、耐粗饲、适应性强和易放牧饲养的乳肉兼用品种。1986年鉴定验收,由内蒙古自治区政府批准正式命名。该品种牛目前约有11万头。

2. 外貌特征 体躯高大结实,骨骼粗壮,肌肉发育好。头清秀,眼大。有角,角向上弯曲。体躯较长,胸深,背腰平直,姿势端正。毛色以红(黄)白花为主,花片分明。头部全白或有白斑,四肢的膝关节以下、腹下及尾尖为白色。乳房发育较好,但乳头不够整齐。成年公牛体高156.8厘米,体重1050千克;母牛体高131.8厘米,体重548千克。

3. 生产性能 42月龄经放牧肥育的阉牛,宰前活重457.5千克,屠宰率53.11%,净肉率40.2%。2~3岁公牛屠宰率为50%~55%,净肉率44%~48%。产乳量一般为3600千克,乳脂率4.1%~4.47%。

母牛20~24月龄初配,可繁殖10胎以上。情期受胎率为45.7%,妊娠期283~285天。

三河牛曾被蒙古人民共和国等引进。在我国国内被诸多省份引入。

(八)新疆褐牛

1. **原产地**　新疆褐牛属于乳肉兼用品种,主产于我国新疆维吾尔自治区伊犁和塔城地区。早在1935～1936年间,伊犁和塔城地区就曾引用瑞士褐牛与当地哈萨克牛杂交。1951～1956年间,又先后从前苏联引进几批含有瑞士褐牛血统的阿拉托乌牛和少量的科斯特罗姆牛继续进行改良。1977年和1980年又先后从原西德和奥地利引入三批瑞士褐牛,这对进一步提高和巩固新疆褐牛的质量起到了重要作用。历经半个世纪的选育,1983年通过鉴定,批准为乳肉兼用新品种。该品种牛目前约有45万头。

2. **外貌特征**　体躯健壮,头清秀,角中等大小,向侧前上方弯曲,呈半椭圆形。颈长短适中,胸宽而深,背腰平直,尻方正。乳房发育好。被毛为深浅不一的褐色,额顶、角基、口轮周围及背线为灰白色或黄白色,眼睑、鼻镜、尾帚和蹄均呈深褐色。成年公牛体重为951千克,母牛为431千克,犊牛初生重28～30千克。

3. **生产性能**　在舍饲条件下,新疆褐牛产乳量2 100～3 500千克,乳脂率4.03%～4.08%,乳中干物质含量为13.45%。在放牧条件下,泌乳期约100天,产奶1 000千克左右,乳脂率4.43%;中上等膘情1.5岁的阉牛,宰前体重235千克,屠宰率47.4%。成年公牛433千克时屠宰,屠宰率53.1%,眼肌面积76.6厘米^2。该牛适应性好,抗病力强,在草场放牧可耐受严寒和酷暑的环境。

新疆褐牛在改善饲养管理条件后,生产性能能迅速改进。

(九)西门塔尔牛

1. 原产地 西门塔尔牛原产于瑞士阿尔卑斯山区以及德国、奥地利、法国等地。因中心产区为瑞士伯尔尼西门塔尔河谷而得名。

西门塔尔牛从19世纪中期向欧洲邻近各国输出。以后瑞士及德国、奥地利、法国的西门塔尔牛不断被欧洲、南美洲、北美洲、非洲、亚洲及大洋洲的许多国家引入。引入西门塔尔牛的国家,几乎都对该品种的生产性能、适应性给予很高的评价。据1986年报道,欧洲有西门塔尔牛4 600万头以上。西门塔尔牛在瑞士占全国牛总头数的51%,德国占37%,奥地利占62%。

2. 外貌特征 西门塔尔牛体躯强壮,肌肉发达。头比较长,侧面直,颜面部宽,眼大有神。角细,呈白色,向外向上弯曲,角尖稍向上。颈中等长,与鬐甲结合良好。体躯长,肋骨开张,有弹性,胸部发育好,尻部长而平。四肢端正结实,大腿肌肉发达。乳房发育中等,盆状乳房的比较少,以碗状的较多,乳静脉的发育程度不如荷斯坦牛,乳头较粗大。毛色为黄白花或红白花。头、胸部、腹下和尾帚多为白色,肩部和腰部有条状白毛片。皮厚中等,微带色素,被毛柔软而有光泽。公牛体高130~140厘米,体重1 000~1 100千克;母牛体高130厘米,体重600千克。

3. 生产性能 西门塔尔牛仅次于荷斯坦牛,属世界第二大牛种,对世界养牛业起着十分重要的作用。西门塔尔牛是奶肉兼用品种。产肉性能高,肉品质好。在放牧和舍饲肥育条件下,日增重为800~1 000克。1.5岁活重为440~480千克,3.5岁公牛活重为1 080千克,母牛为634千克。公牛肥育后屠宰率为 65% 左右,一般母牛在半肥育状态下,屠宰率为 53%~55%。

欧洲各国西门塔尔牛的产乳量为 3 500~4 500 千克,乳脂率 3.64%~4.13%。排乳速度 2.27~2.6 千克/分钟。西门塔尔母牛长年发情,发情持续期 20~36 个小时,一般的情期受胎率在 69% 以上。妊娠期 284 天。

瑞士西门塔尔牛继续向乳肉兼用方向选育,改善乳房形状,提高肥育性能和肉品质,产犊容易。育种目标是平原地区要求产乳量为 5 300 千克,乳脂率 4%,乳蛋白率 3.5%;公牛活重 1 000 千克,母牛活重 700~750 千克,日增重 1 200 克。

4. 在我国的分布与生产性能　我国于 1912 年与 1917 年从欧洲引入西门塔尔牛。新中国成立后,又先后从前苏联、瑞士、德国、奥地利、法国及加拿大等国多次引入。这些牛除集中在一些养牛场或家畜繁育中心纯繁外,主要用于杂交改良我国黄牛。

自 1981 年成立中国西门塔尔牛育种委员会以来,有 22 个省、自治区参加育种工作,进行过三批全国联合的种公牛后裔测定,逐步建立了纯种繁育及杂交改良体系,并形成各具特点的地方类群:科尔沁牛地方类群、太行山区类群、四川西部山区类群、南疆牧区类群、中原农区类群等。据不完全统计,我国现有西门塔尔牛 2 万余头,各代杂交改良牛为 602 万头,分布于内蒙古、黑龙江、吉林、河北、甘肃、青海、新疆、西藏、四川、湖南、浙江、广东、山东和山西等省、自治区,已具备自我供种能力。全国的供种网络已形成,由全国西门塔尔牛育种委员会(设在北京马连洼中国农业科学院畜牧研究所,邮政编码 100094)负责各种畜场种牛调剂,同时贮备一定量的优种精液,服务于用户。

目前,西门塔尔牛已成为我国肉牛生产及黄牛改良的主要推广品种。

西门塔尔牛与我国黄牛杂交,杂种后代体格增大,生长快。在肉牛杂交体系中,适合做"外祖父"角色。近年来,也在合成系中做母系,组成高产肉牛生产配套系。

(十)夏洛来牛

1. 原产地 夏洛来牛是法国的古老品种,原产法国夏洛来省。1864 年建立良种登记簿,选育工作很有成效,1986 年法国的夏洛来牛已超过 300 万头,其中繁殖母牛为 127.38 万头。世界各国广泛建立肉牛的杂交体系。我国分别于 1964 年和 1974 年大批引入,1988 年又有小批量进口。

2. 外貌特征 体格大,体质结实,全身肌肉丰满,尤其是后腿肌肉圆厚,并向后突出,形成"双肌"特征。头中等大,颜面部宽,嘴宽而方。角圆而长,为蜡黄色,向两侧并向前伸展。颈粗而短,胸深,肋圆,背部肌肉厚。体躯呈圆筒状,荐部宽长,四肢正直,蹄为蜡黄色。被毛细长,毛色为白色、乳白色或麦秸黄色。公牛双鬐甲和背凹者为其缺陷。

成年公牛体高为 142 厘米,体重为 1 100 ~ 1 200 千克;母牛体高为 132 厘米,体重为 700 ~ 800 千克。

3. 生产性能 在良好的饲养管理条件下,夏洛来牛生长发育快。平均日增重,6 月龄公犊牛为 1 296 克,母犊牛为 1 062 克;8 月龄相应为 1 175 克和 946 克。

夏洛来牛的肉品质好,瘦肉多。屠宰率一般为 60% ~ 70%,净肉占胴体重的 80% ~ 85%。

夏洛来母牛年产乳量为 1 700 ~ 1 800 千克,个别的超过 2 500 千克。

夏洛来母牛初次发情在 396 日龄,初次配种年龄在 17～20 月龄。法国多采用小群自然交配,公、母牛配种比例为 1:10～30。夏洛来牛繁殖方面的缺点是难产率高(平均为 13.7%)。

夏洛来牛是在放牧条件下培育的。因此,适应放牧饲养,耐寒和耐粗饲,对环境条件的适应性强,早期生长发育快,并以产肉性能高、胴体瘦肉多而著称。其缺点是肌肉纤维粗,肉质嫩度稍差,在日本及韩国市场不受欢迎。据报道,1978 年以来,韩国京畿道江华郡用夏洛来公牛同当地朝鲜牛杂交,杂种一代 12 月龄活重比母本高 57%,可消化总养分消耗量比母本少 18.3%,净肉率由 48.9% 提高到 51.4%。但杂种牛比朝鲜牛肉质稍差。

4. 在我国的分布与生产性能 夏洛来牛在我国的杂交改良牛超过百万头,仅次于西门塔尔牛。在黑龙江、辽宁、山西、河北和新疆等省、自治区,用夏洛来牛同当地黄牛杂交,杂种牛活重、后躯发育、产肉性能均有不同程度的提高。如用夏洛来牛同黑龙江蒙古牛、吉林延边牛、辽宁复州牛、山西太行山区黄牛杂交,杂种一代 12 月龄活重相应比母本提高 77.6%,19.9%,27.1%,181.4%;夏洛来牛同湘南山地牛(南方黄牛)杂交,杂种一代 9 月龄母牛活重比母本提高 56.8%;夏洛来牛同陕西关中山地中原黄牛杂交,12～20 月龄杂种一代阉牛,经 7 个月肥育后,活重比同龄同条件的当地阉牛高 53.5%。其杂种一代屠宰率为 51.8%,净肉重 107.1 千克,眼肌面积 55.1 厘米^2,鲜肉蛋白质含量 19%。由于夏洛来牛难产率高,应选择与体型大、经产母牛杂交,或适宜做"终端"公牛。

(十一)利木赞牛

1. **原 产 地**　利木赞牛原产于法国中部高原的利木赞省。原为役肉兼用牛。大约从 1850 年开始选育,1886 年建立良种登记簿,于 20 世纪初转向纯肉用育种,取得良好效果。其群体数量约 70 万头,是法国第二个重要肉用品种。

2. **外 貌 特 征**　体躯呈圆筒形,头短,嘴较小,额宽。母牛角细向前弯曲,公牛角粗而较短,向两侧伸展,并略向外卷曲。胸宽而深,肋圆,背腰较短,尻平,背腰及臀部肌肉丰满。四肢强壮,较细。全身骨骼较夏洛来牛略细。被毛较厚,毛色为黄棕色,也可见到黄褐色到巧克力色的个体,背部毛色较深,腹部较浅。

3. **生 产 性 能**　利木赞牛初生体重较小,公犊为 36 千克,母犊为 35 千克,难产率较低。成年公牛体重约 950 千克,母牛 600 千克。在欧洲大陆型肉牛品种中是中等体型的牛种。这个品种的牛产肉性能高,肉品质好。肉嫩,脂肪少而瘦肉多,肉的风味好。因此,销路广,售价高。该品种的特点是小牛产肉性能好,为生产早熟小牛肉的主要品种。8 月龄小牛就具有成年牛大理石纹状的肌肉,肉质细嫩,沉积的脂肪少,瘦肉多(占 80% ~ 85%)。3 ~ 4 月龄活重为 140 ~ 170 千克的小牛,屠宰率为 67.5%;30 ~ 36 月龄活重为 600 ~ 750 千克的牛,屠宰率为 64%。

成年母牛年平均产乳量为 1 200 千克,乳脂率为 5%。

4. **在我国的分布与生产性能**　1974 年和 1993 年,我国数次从法国引入利木赞牛,在河南、山西、内蒙古、山东等地改良当地黄牛。利杂牛体型有改善,肉用特征明显,生长强度增大,杂种优势明显。

(十二)安格斯牛

1. **原产地** 安格斯牛是英国古老的小型牛种。

2. **外貌特征** 无角,黑色。头部清秀,体躯阔平,背腰平直,呈长方形,骨骼细致,蹄质坚实,四肢短壮。成年公牛体重800~900千克,母牛500~600千克。为早熟体型。

3. **生产性能** 初生犊牛体重轻,为25~32千克。由于母牛难产率低,犊牛成活率高,在良好的草场条件下,从出生到周岁可保持每天增重900~1000克的水平。安格斯牛早熟易肥,胴体品质及出肉率高,肉的大理石纹状好,屠宰率一般为60%~65%。据日本的肥育试验,精料肥育309天,至18月龄屠宰,宰前活重462.8千克,屠宰率为65.4%,眼肌面积32.5厘米^2。据日本十胜种畜场测定,母牛挤奶日数173~185天,产乳量639千克,平均日产乳量3.6千克,乳脂率3.94%。前苏联报道(1974),安格斯牛初胎母牛泌乳期270天,平均年产乳量717千克,乳脂率3.9%,乳中干物质13.1%,含蛋白质3%。

4. **在我国的分布** 安格斯牛耐粗饲,对环境条件的适应性强,比较耐寒,在内蒙古一些草原是很适宜的品种。近年来,许多省、自治区、直辖市以活畜和胚胎方式引种,加快了对其利用速度,提高了利用效果。

(十三)秦 川 牛

1. **原产地** 秦川牛是我国地方良种之一,因产于陕西省关中地区"八百里秦川"而得名。据2001年统计,秦川牛在主产区的总存栏数已达280万头。秦川牛的良种体系于1958年建立,1975年成立选育协作组,制定选育标准和秦川牛国家标准等,对秦川牛生产性能的提高,发挥了重要作用。

2. 外貌特征　秦川牛毛色有紫红、红、黄3种,黄色仅占11%。秦川牛头部方正,额平宽,肩长胸深,中躯发育良好,后躯较差。四肢结实,蹄叉紧。公牛垂皮发达,角中等长,母牛角短而钝。公、母牛鼻镜呈肉红色的约占63.8%,黑色或灰色和黑斑的占36.2%。蹄壳为红色的占70.1%,黑红相间的占29.9%。

3. 生产性能　在农村的饲养水平下,成年公牛体重600千克,母牛380千克;在国有良种场培育的条件下,公牛800千克,母牛480千克。公牛体高140厘米,母牛125厘米。最大挽力一般为体重的70%～77%。耕作能力强,用木犁耕空茬地,1头公牛1小时耕800米^2,阉牛约为530米^2。

在中等饲养水平下,自6月龄到18月龄平均日增重:公牛700克,母牛550克,阉牛590克。每千克增重耗饲料:公牛7.8千克,母牛8.7千克,阉牛9.6千克。18月龄的平均屠宰率为58.3%,净肉率50.5%。秦川牛的泌乳期为7个月,产乳量为715.59千克,乳脂率4.7%,乳蛋白率4%。平均日产乳量为3.22千克。

秦川牛至今仍被小型黄牛地区引种作为改良本地牛之用,但这个趋势在减弱。目前小型黄牛较多地引用欧美品种直接杂交,提高产肉效益。

(十四)南 阳 牛

1. 原产地　南阳牛是我国体型最高的牛种,因产于河南省南阳地区而得名。1960年建立南阳黄牛良种场,1975年成立南阳牛选育协作组,1985年颁布了南阳牛国家标准。现群体总头数有130万头。

2. **外貌特征**　南阳牛的毛色有黄、红、草白3种，以深浅不等的黄色为最多，占80.5%，红色和草白色分别占8.8%和10.7%。南阳牛一般在面部、腹下、四肢下部毛色较浅。鼻镜多为肉红色，部分牛带有黑点。蹄壳以黄蜡色居多，也有琥珀色带与红色相间的。南阳牛体格高大，肩峰高耸，腹部较小，长圆筒形，前躯发育好于后躯，全身肌肉较丰满。公牛肩峰隆起8~9厘米，胸垂发达，肩胛斜长，前胸发达。母牛清秀，后躯偏轻。公、母牛都善走，挽走迅速，有快牛之称。

3. **生产性能**　以粗料为主达中等膘情的牛屠宰，屠宰率为55.6%，净肉率46.6%。在中等饲养水平下，南阳牛日增重为747克，皮南杂交牛的日增重723克，契南杂交牛的日增重为859克。母牛泌乳期为6~8个月，产奶600~800千克，乳脂率为4.5%~7.5%。

4. **杂交效果**　南阳牛在河北、湖北和湖南等省被大量用于改良本地牛。在纯种选育和本身的改良上有向早熟性肉用方向和兼用方向发展的趋势。如与利木赞、契安尼娜、西门塔尔等牛种杂交，可提高经济效益。

(十五)鲁 西 牛

1. **原产地**　鲁西牛的育成地在山东省西南部的菏泽市和济宁市。1957年国家在鲁西地区建立良种繁殖育种场3处，加速了牛种品质的提高。目前群体总头数有100万头。属中国五大良种黄牛之一。鲁西牛因产区的土质粘重和运输任务的需要，有"抓地虎"型和"高辕"型之分。

2. **外貌特征**　鲁西牛毛色从浅黄到棕红色，以黄色为主，约占70%的牛具有完全或不完全的"三粉"(即眼圈、嘴圈和腹下至股内侧呈粉色或毛色较浅)特征。鼻镜多肉红色，或间有黑斑。牛尾毛与体躯颜色一致,部分有混生白毛或黑毛的。抓地虎牛的个体较矮,体躯壮而长,四肢粗短,胸宽深,肌肉发达,屠宰率较高;高辕牛的个体高大。但这两类牛目前都较少,中间型的牛居多。

3. **生产性能** 产肉性能高,产区群众有肥育肉牛的丰富经验。据山东省菏泽地区畜牧站、菏泽黄牛场测定,在一般饲养条件下,日增重 0.5 千克以上。屠宰率为 54.4%,净肉率为48.6%。18 月龄平均屠宰率 57.2%,净肉率 49%,眼肌面积89.1 厘米^2,骨肉比为 1:4.23。肉质细,大理石花纹明显。市场潜力巨大。

4. **杂交效果** 纯种鲁西牛有很多优点,但也有不少不足之处,例如生长速度较慢,后躯发育稍差,斜尻等。因此,适度改良鲁西牛很有必要。改良鲁西牛的父本品种有利木赞牛、西门塔尔牛和皮埃蒙特牛等。

我国其他良种牛尚多,不一一介绍。

二、各地牛种的改良利用近况和趋向

(一)我国北方成片奶牛业区的形成

几十年来,我国奶牛一直在城市郊区发展,在品种上主要是荷斯坦牛,过去饲养过的牛种,如娟姗牛、爱尔夏牛、短角牛等相继消失。1978 年后,奶业放开得比较早。随着农业和农村经济的发展,奶业由农垦扩散到农村,使养奶牛业得到了迅速的发展。从全国奶产量比重看,产量逐步向主产省份集中。主产区利用自然、经济与技术优势,逐步形成奶业优势区域产业带。2003 年一季度,奶类产量在全国前 7 位的省、自治区为黑龙江、河北、内蒙古、山东、新疆、陕西和江苏。这7个省、自治区奶类一季度生产量235万吨,占全国生产量的67.2%。主产地区结合乡镇环境建设,奶牛规范化养殖小区蓬勃发展,促进了奶牛挤奶厅的建设,提高了奶的质量和产量,为全国起到了示范作用。

(二)肉用和奶肉兼用牛基地的建立

城市工业和乡镇企业的迅速发展,使工业后起地区的畜牧业有较大的市场,其中以农作物秸秆为粗料基地的养牛业,在近十多年来有长足的进展。据有关部门统计,1988年初全国约有各种改良牛450万头,其中除了上述的荷斯坦牛及其高代杂种牛140万头以外,西门塔尔改良牛达到210万头,瑞士褐牛后代30万头,以草原红牛为主的短角牛系统达20万头。这些牛种都是兼用品种,纯肉用的利木赞牛、抗旱王牛、夏洛来牛和安格斯牛等为数较少。在发展肉用牛时,外国的纯肉用品种使用得不如兼用品种多。其原因是比较复杂的,主要是现有的饲养管理、饲料基础和传统习惯,比较有利于兼用牛种优势的发挥。从下面一系列的例子中可以看出肉牛改良的效果和地区的差异。

据河北省保定地区畜牧局在易县饲养的18月龄的几个杂交组合比较:西门塔尔牛杂一代的体重达283.6千克;西门塔尔牛杂二代是308千克;西门塔尔牛×短角牛×本地牛的杂种后代是318千克;西门塔尔牛×荷斯坦牛×本地牛的杂种后代是355千克;本地牛是123千克。从这一组似乎是不太完全的杂交组合的体重对比中可以看出一个规律,即产奶性能较好的几个品种间进行轮回杂交的效果良好。单一品种的级进杂交,即使是二代,效果也要差一些。

安徽省阜阳市用不同品种牛的杂交一代进行肥育试验对比,结果见表 2-2。这组试验的结果说明,夏洛来牛杂交一代在眼肌面积和屠宰率等方面占有优势,而在平均日增重和饲料消耗上却不如另外 2 个品种。

表 2-2 不同组合的杂种一代与本地牛肥育效果比较

组 别	头 数	平均日增重（克）	每千克增重消耗		眼肌面积（厘米²）	屠宰率（%）
			混合料（千克）	粗料（千克）		
夏洛来牛杂一代	4	521	4.8	9.3	86.8	54.2
西门塔尔牛杂一代	3	532	4.9	7.0	66.1	51.0
荷斯坦牛杂一代	4	515	4.1	7.1	59.2	50.4
本地牛	4	380	5.8	8.0	55.2	52.1

下面再举四川省黔江县的一组肥育对比。它由西门塔尔牛和夏洛来牛杂交本地小型黄牛,每个组有 6 头牛,包括 2 头公牛、2 头阉牛和 2 头母牛,年龄 1 周岁,在中等饲养水平下,经过 150 天的肥育,结果见表 2-3。

表 2-3 西门塔尔牛杂种一代、夏洛来牛杂种一代
与本地牛肥育效果比较

组 别	头 数	平均日增重（克）	每千克增重耗料	
			青草（千克）	混合料（千克）
西门塔尔牛杂一代	6	751	25.6	2.34
夏洛来牛杂一代	6	715	26.3	2.46
本地牛	6	578	23.4	3.04

这组对比的平均日增重较表 2-2 的高。从表中可以看

出,它是依靠青草肥育的,西门塔尔牛杂交牛占有优势。

在新疆用褐牛、西门塔尔牛与本地牛杂交。根据库车县对这2种杂交牛与本地牛对比,从18月龄开始肥育,经110天后屠宰,可以看出肉用性能较差的褐牛,在日增重上不一定比西门塔尔牛差(表2-4)。这个现象与上面几个地方的西门塔尔牛与夏洛来牛对比具有共同的规律,即肉用品种要发挥其肉用优势,要求有更高的条件。

表2-4 西门塔尔牛杂种一代、瑞士褐牛
杂种一代与本地牛肥育效果对比

组　　别	头　数	平均日增重（克）	屠宰率（%）	净肉率（%）	眼肌面积（厘米²）
西门塔尔牛杂一代	5	877	56.9	43.6	55.7
瑞士褐牛杂一代	5	941	56.1	43.0	49.7
本地牛	5	768	54.2	40.1	35.7

这些对比有很大的参考价值。应根据本地的自然条件、农业的生产类型和草地的生产能力,决定选择相宜的品种。

兼用性能的利用方面,西门塔尔牛的改良地区,如科尔沁草原、晋中山区、燕山南麓、南疆盆地和四川盆地的周围山区,已建立起乳品基地。西门塔尔一代改良牛头均产奶1 600～2 000千克,乳脂率达到4.2%～5.6%。新疆褐牛,作为瑞士褐牛的改良种,在伊犁地区一般头均产奶1 500千克左右,乳脂率均在4%～4.5%之间。草原红牛是由短角牛与蒙古牛改良育成的,目前是内蒙、辽、冀3省、自治区交界地区草原的主要牛种,一般产奶量为1 500千克。

(三)我国地方良种牛的利用

各地用外国牛种与我国黄牛杂交的实践表明,改良效果明显的指标,主要表现在生长速度快,每千克增重所耗费的饲料少,一般对屠宰率和净肉率提高不大。因此,无论什么牛种,与外国品种进行经济杂交都具有节约粮食的意义。若与我国地方良种牛杂交,将比一般小体型黄牛具有更好的长势,杂交后代1.5~2岁就能达到出口标准。这样,在缩短肥育期方面更具优势。

有的贫困山区,草料条件较差,本地牛体躯较小,先用我国地方良种牛或培育品种牛做第一轮改良,再使用纯肉用或兼用牛种杂交,可迅速形成高效的肉牛生产体系。

因此,我国的地方良种牛和培育品种牛,既可自行建成养牛业的生产体系,又可作为小型牛改良的过渡品种,在进口牛供种不足时,可以发挥其良好的作用。

第三章　牛的体型选择

动物的功能和体型类型之间存在着一定的联系,有的甚至有非常密切的关系。譬如肉牛的产肉能力与其体型、奶牛的产奶量与乳房类型有着密切的关系。因此,无论是奶牛或肉牛,选择相宜体型,对提高生产效率是有相当重要作用的。

体型外貌的选择是一种专门的技术,非一朝一夕能掌握。一个训练有素的牛的外貌评审员,对牛的个体评分和牛体部位的评分有着极高的重复率,在国民经济发达的国家这是一种专门的职业。我国牛行市场交易也不乏民间的选牛行家。本章就先进的奶牛业和肉牛业需要的体型外貌评定要点概述如下。

一、奶牛的选择要点

每购入1头奶牛时,总希望它能够终生保持高产性能,即每个泌乳期都高产。这除了在一定的饲养管理条件下考察牛的生产能力之外,还需要在饲养之前对牛有一个估计,这就要从体型外貌上进行选择。从奶用的角度观察一头牛,必须有这样的一些概念:体型高大,腿肢强壮,能采食大量粗料。乳房附着结实,乳头大小适中,位置正常,有利于机械化挤奶等必须有的特征。

就奶牛个体而言,体型和产奶量之间的相关性虽然是有限的,然而为正相关。现代牛群中个体间的关系也是如此。从历史发展和演变来看,个体形状的变化是很大的,现代奶牛的体型与30年前就大不一样。目前美国荷斯坦奶牛被认为是体型最大的荷斯坦奶牛,它今天的标准体型已与6年前不同,这种变异只有精通该种牛的行家才能区分,不在此细讲。这里以1982年修订的通用奶牛鉴定法为例,用荷斯坦牛的体型分类作为要点叙述于后。

(一)良种登记法

此法公、母分别登记,用传统的评分卡记分。

1. 奶用母牛登记法　奶用母牛评分卡见表3-1。

表 3-1　奶用母牛评分卡

评 满 分 的 部 位 要 求	满分额
1. 总体外貌　清秀、活泼、矫健、结实,各部位比例协调,结构匀称	
(1)品种特征*	5
(2)体尺——体高符合本品种要求,体躯骨骼长,大腿骨长度适中	5
(3)前躯端——奶用型的细致、健康、结合良好;肩胛区至肘部紧凑,与胸壁紧贴;鬐甲部与颈和体躯过渡平缓;胸深,前腿间宽度良好	5
(4)背直而健壮,腰部宽、结实,呈水平状,尻长、宽而平,坐骨端略低,髋部位高且宽,尾根基部与背线平并活动自如	5
(5)腿肢——整洁结实,前肢直、宽,站立端正,后腿从髋至系部,侧观几乎垂直,后看垂直,飞节不粗糙臃肿,系部短壮、灵活,蹄短,足跟深而平整清晰	15
小　计	35
2. 奶用特征　全躯棱角清晰,无纤弱感,无粗糙感,因泌乳期的所处阶段不同泌乳能力表现明显	
(1)颈长、瘦,与肩结合平缓,喉管、胸垂和胸前端轮廓清晰	10
(2)鬐甲尖与胸廓结合平整,肋部开张良好,肋骨宽平而长,大腿部从后看分开宽广,髋部略大,为乳房提供宽舒的空间和附着位置,皮较薄,弹性好	10
小　计	20
3. 体躯容量　在全身中占较大比例,在妊娠期尤为突出,比较结实开张并平整舒展	
胸长、深而宽,前肋弓与肩胛融合良好,肩胛壮实。中躯长、深而宽,肋深度与弹性越引向后躯越大。侧腹深而不粗糙	10
小　计	10
4. 乳房　附着结实,乳区分布均匀,容量大,耐久度明显	
(1)前乳房附着紧,过渡平缓,长度适中,宽而不左右鼓出	6
(2)后乳房附着紧,后结合部高、宽,从上到下宽度一致,下底部略圆	8

评 满 分 的 部 位 要 求	满分额
(3)乳房底部不低于飞节,支撑韧带强而清晰	11
(4)乳头长短粗细适中,呈圆锥状,着位方正,侧观和后观时乳头间距较大,并与地面垂直	5
(5)乳房的长宽深适宜而对称,不倾向一侧或一端;乳房柔软,挤奶后瘪塌良好,四乳区均匀。对育成母牛和初孕牛不作乳房评定,但外观不良和乳房过肥者要淘汰	5
小　　计	35
总　　计	100

* 品种特征,如娟姗牛要求鼻梁微凹,眼和眼眶特别发达

此表作为良种母牛登记的标准要求,在个体鉴定中发现有遗传缺陷时,要立刻淘汰,不受总分左右。一般的缺点要扣分。根据各部位表现的情况,将牛列入不同的处理级别。级别分两类:一类是缺点,分严重缺点、中等缺点和轻度缺点 3种;另一类是不合格,这是严重的缺陷,尤其是遗传缺陷。各部位缺点的轻重,可参考下列内容确定。

(1)角　角的有无不作为淘汰依据。

(2)眼

①单眼瞎　轻度缺点。

②单侧或双侧眼肿　轻度缺点。

③混浊　中至严重缺点。

④全盲　不合格。

(3)歪脸　轻至严重缺点。

(4)短耳　轻度缺点。

(5)鹦鹉下颌　轻至严重缺点。

(6)肩胛　翼状肩属于轻至严重缺点。

(7)尾根结合　歪尾或其他异常结合属于轻至严重缺点。

(8)腰角肿　除非严重到不能行动,一般不算缺点。

(9)腿和肢

①跛行　永久性的并功能不良者淘汰,暂时性的并不影响正常功能的为轻度缺点。

②前肢明显跛行　属严重缺点。

③飞节明显积液　为轻度缺点。

④弱系　轻至严重缺点。

⑤趾外撇　轻度缺点。

(10)乳　房

①左右无明显分界线　轻至严重缺点。

②乳房附着不良　严重缺点。

③乳房附着弱　轻至中度缺点。

④瞎乳区　不合格。

⑤1个或1个以上乳区发育不良,乳房内有硬结,乳头堵塞　轻至重度缺点。

⑥一侧漏奶　轻度缺点。

⑦异常奶(血样,凝块,水样)　属不同程度的缺点。

(11)体格过小　轻至重度缺点。

(12)明显的掩饰(人为的手术掩盖行为)

①为掩盖牛的体型缺陷做过手术　不合格。

②未产犊母牛已明显地被挤过奶　属轻至严重缺点。

(13)暂时性的或轻度受损　一时受伤或次要的缺陷,但不影响泌乳、配种等功能,属轻度缺点。

(14)膘过肥　轻至严重缺点。

(15)弗里马丁症(异性双胎不育母犊)　不合格。

以上15项参照"乳用母牛评分卡"的满分额给各部位打分。但是,只要发现有一项属不合格的,该母牛不能作为良种登记。发现严重缺点的不能再繁殖,至多只能作为一般生产牛对待。

2.奶用公牛登记法 奶用公牛评分卡见表3-2。

表3-2 奶用公牛评分卡

评满分的部位要求	满分额
1.总体外貌 矫健灵活、肌肉发达、体格硕大,各部位比例匀称,总体协调	
(1)品种特征	
(2)头大小适中,与体躯相称,清秀;嘴宽,鼻孔开张;颌发达;眼大明亮;前额宽中略凹;鼻梁端正;耳大适中、灵活	15
(3)肩胛区与胸壁结合好,过渡平缓	
(4)背正而结实;腰区宽,呈水平	
(5)尻长而宽,从腰角到坐骨结节上端略斜;脂肪不过多,轮廓清晰;髋部高而宽;尾根与背线联结良好,不粗糙;尾细长	15
(6)腿肢骨骼平整坚实,系短壮,飞节外观清晰;肢短而壮实,踵深,蹄底平整。前肢长度适中,端直,宽踏,站立端正;后腿从髋部到系部,侧观几乎垂直,后观端直	15
小 计	45
2.奶用特征 全身棱角清晰,壮实无纤弱感,不粗糙	
颈长,鬐毛适中,与肩结合平缓;喉、胸垂和前胸清晰。鬐甲瘦,开张、宽平而长。胁部深而不肥。大腿略弓而端正,后观呈宽踏。皮肤不过紧,有弹性	30
小 计	30
3.体躯容量 在全身中占比例大,腹部容量大、壮实、灵活	
(1)体躯支撑强壮,长而深,肋骨开张好、有弹性,近体躯后部越深越宽	12
(2)胸围大而深,前肋与肩胛结合好,呈弓圆状,很饱满;肘部紧实,胸底宽平	13
小 计	25
合 计	100

种公牛的缺陷评定内容大体与母牛相同,与公牛种用有关的特殊的部位,如睾丸,其中 1 个不正常或只有 1 个睾丸。该牛无论外貌总分多高都评为不合格,即不能留作种用。

无论公、母牛,按本办法各部位累计的总分值,划分成 6 等。

(1)优秀 得分 90 以上者。一般牛评不上这么高的分,除非两胎以上依然优秀者,才可评这么高的分。

(2)很好 得分 85~89 者。

(3)好加 得分 80~84 者。

(4)好 得分 75~79 者。

(5)一般 得分 65~74 者。母牛得此分的,无论选配什么公牛,都不得列入良种登记簿。

(6)不好 得分 64 及其以下者。这种牛不被品种协会承认。

(二)体型线性评定

传统的体型外貌评定方法一般属于"经验型",即以选择"理想型"牛体为指导思想。这些鉴定受主观意识影响很大,因人而异,重复性较差。而体型线性评定是根据性状的生物学特点进行,因此被誉为"功能型"鉴定方法,其最大特点是客观性。奶牛体型性状线性分析的概念最早于 1976 年由美国提出,1980 年提出奶牛体型线性评定方法,1983 年正式应用于美国荷斯坦奶牛的体型评定中。此方法公布后,很快被澳大利亚、比利时、加拿大、丹麦、德国、法国、匈牙利、以色列、意大利、日本等国直接或间接采用。我国于 1990 年制定了中国奶牛体型线性评定规范,1994 年制定了中国荷斯坦牛体型线性鉴定实施方案(试行)。十余年来已成为奶牛选种必用之方法。

1. 体型线性评定意义　业已证明,具备标准功能体型的牛群生产性能好,寿命长,经济效益高;同时,随着奶牛业机械化、集约化程度的提高,愈来愈要求奶牛体型趋于标准化,以适应机械化挤奶和高效率生产管理;此外,通过体型评定,可以缩短育种年限,提早选育公牛。总之,搞好奶牛体型线性评定有助于选育高产、健康、经济寿命长,适于机械挤奶的优质牛群。

2. 体型线性评分体系　线性评定的体系主要有两类:一是美国、日本、荷兰采用的 50 分制;另一类是加拿大、英国、德国、法国采用的 9 分制。中国奶牛协会规定采用 50 分制,也允许使用 9 分制。

3. 体型线性评定性状　目前,体型线性评定的性状主要有主性状、次性状和管理性状 3 类。

(1)主性状　主性状有 15 个,即体高、胸宽(体强度)、体深、棱角性(乳用性)、尻角度、尻宽、尻长、后肢侧视、蹄角度、前乳房附着、后乳房高度、后乳房宽度、乳房悬垂状况、乳房深度、乳头位置后视。

(2)次性状　次性状有 14 个,即前驱相对高度、肩、背、阴门角度、后肢后望、动作灵敏度、前乳区伸展状况、前后乳区均衡性、乳头位置侧望、乳头大小、趾、尾根、系部。

(3)管理性状　管理性状又有主要和次要管理性状之分。

①主要管理性状　主要管理性状有行为气质、挤奶速度、乳腺炎抵抗力及繁殖性能等 4 个。

②次要管理性状　次要管理性状有乳房水肿、健康状态及产犊难易等 3 个。

我国使用的线性评定方法,是以美国荷斯坦牛协会标准为基础,结合我国实际而稍作改进编制而成。目前要求评定的性状有体高、胸宽、体深、棱角性、尻角度、尻宽、后肢侧视、蹄角度、前乳房附着、后乳房高度、后乳房宽度、悬韧带、乳房深度、乳头位置及乳头长度等15项。

4. 体型线性评定时期　体型评定主要是对母牛,而公牛则以其女儿体型外貌平均得分为评定依据,公牛自身的外貌评分也可作参考。

奶协规定,凡参加牛只登记、生产记录监测及公牛后裔测定的牛场所饲养的全部成年母牛,必须在第一、第二、第三及第四胎分娩后第六十至一百五十天内,在挤奶前进行体型线性评定,用最好胎次成绩代表该个体水平。

5. 体型线性评定方法

(1)性状的识别与判定

①体高　主要根据尻高,即尻部(十字部)到地面的垂直高度(图3-1)进行线性评分。体高等于或低于130厘米的母牛视为极矮,评1~5分;体高140厘米者为中等,评25分;体高达到或超过150厘米者为极高,评45~50分。评定该性状时,要认清尻部,找好固定参照物进行估测。体高在现代奶牛的机械化与集约化管理中起一定的作用,过高与过低的奶牛均不适于规范化管理。通常认为,极端低与极端高的奶牛均不是最佳体高,当代奶牛的最佳体高为145~150厘米。

②胸宽(体强度)　主要根据两前肢间宽度(图3-2)进行线性评分。两前肢间距离极窄的个体,评1~5分;较窄者,评15分;两前肢间距离25厘米(中等宽),评25分;较宽者,评35分;极宽者,评45~50分。

③体深　主要根据肋骨长度和开张程度进行线性评分。极浅的个体,评1~5分;较浅者,评15分;中等深者,评25

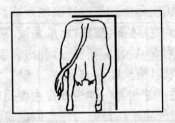

标准 (厘米)	评分 (50分制)
极　高 (150)	45 ～ 50
中　等 (140)	25
极　矮 (130)	1 ～ 5

图 3-1　体高线性评分标准示意图

(仿秦志锐图)

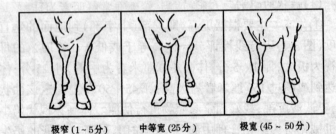

极窄 (1 ～ 5分)　　　中等宽 (25分)　　　极宽 (45 ～ 50分)

图 3-2　胸宽线性评分标准示意图

(仿秦志锐图)

分;较深者,评 35 分;极端深者,评 45 ～ 50 分(图 3-3)。评定时看中躯,以肩胛后缘的胸深为准进行比较综合。这一性状与母牛容纳大量粗饲料的能力有直接关系。通常认为,奶牛适度体深者为佳。

④棱角性(乳用性、清秀度)　主要根据骨骼鲜明度和整体风度等进行线性评分。肉厚、粗糙的个体,评 1 ～ 5 分;轮廓

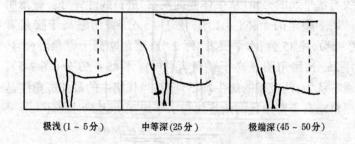

极浅（1~5分） 中等深（25分） 极端深（45~50分）

图3-3 体深线性评分标准示意图

基本分明者，评25分；非常分明者，评45~50分（图3-4）。评定时，鉴定员可根据第十二、第十三肋骨，即最后两肋的间距衡量开张程度，两指半宽为中等程度，三指宽为较好。棱角性与产奶量密切相关。通常认为，轮廓非常鲜明者为佳。

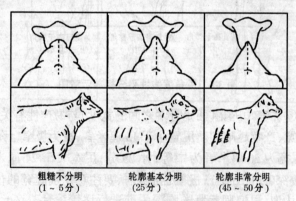

粗糙不分明 轮廓基本分明 轮廓非常分明
（1~5分） （25分） （45~50分）

图3-4 棱角性线性评分标准示意图
（仿秦志锐图）

⑤尻角度 由于尻角度可以影响胎衣的正常排出，因此与母牛的繁殖性能有直接关系。尻角度是根据腰角至臀角连

线与水平线的夹角(从牛体侧面观察)进行线性评分。臀角明显高于腰角的个体(－10°),评1~5分;臀角略高于腰角者(－5°),评15分;水平尻者,评2分;腰角略高于臀角者(5°),评25分;腰角明显高于臀角者(10°),评45~50分(图3-5)。通常认为,两极端的奶牛均不理想,当代奶牛的最佳尻角度是腰角略高于臀角且两角连线与水平线夹角达5°时最好。

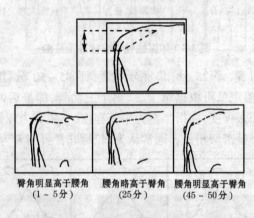

臀角明显高于腰角　　腰角略高于臀角　　腰角明显高于臀角
　(1~5分)　　　　　(25分)　　　　　(45~50分)

图3-5　尻角度线性平分标准示意图

⑥尻宽　尻宽(两坐骨端之间的宽度)与易产性有关。尻部越宽,产犊越顺利。尻宽小于15厘米者,视为极窄,评1~5分;尻宽为20厘米者为中等,评25分;尻宽大于24厘米者,评45~50分(图3-6)。评定尻宽时,要注意识别髋宽的位置。通常认为,尻极宽者为佳。

⑦后肢侧视　主要是从侧面看后肢的姿势,根据飞节处的弯曲度(飞节角度)进行线性评分。飞节角度大于155°(直飞)者,评1~5分;飞节角度为145°(有适度弯曲)者,评25分;飞节角度小于135°(极度弯曲,呈镰刀状)者,评45~50

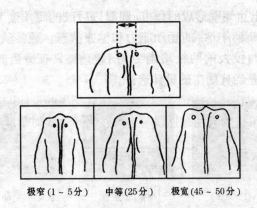

极窄(1~5分)　　中等(25分)　　极宽(45~50分)

图 3-6　尻宽线性评分标准示意图

分,(图 3-7)。后肢一侧伤残时,应看健康的一侧。该性状与奶牛对肢蹄部的耐力有关。通常认为,飞节适度弯曲者为当代奶牛的最佳侧视姿势,且偏直一点的奶牛生产年限长。

直飞节(1~5分)　　飞节处有适度弯曲(25分)　　飞节处极度弯曲(45~50分)

图 3-7　后肢侧视线性评分标准示意图

⑧蹄角度　主要根据蹄侧壁与蹄底的夹角进行线性评分。蹄角度小于 25°的个体视为极小,评 1~5 分;蹄角度 45°者为中等,评 25 分;蹄角度大于 65°者为极大,评 45~50 分(图 3-8)。当蹄的内外角度不一致时,应看外侧的角度,长蹄

要看蹄上边侧壁形成的角度,同时以后肢的蹄角度为主。蹄形的好坏影响奶牛的运动能力和健康状态。通常认为,蹄角度极小和极大的两极端奶牛均不理想,只有适当的蹄角度(50°)才是当代奶牛的最佳选择。

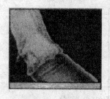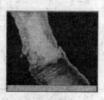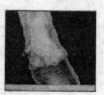

极小(1~5分)　　　　中等(25分)　　　　极大(45~50分)

图3-8　蹄角度线性评分标准示意图

⑨前乳房附着　主要根据侧面韧带与腹壁连接附着的结实程度(构成的角度)进行线性评分。连接附着极度松弛(90°)者,评1~5分;连接附着中等结实(110°)者,评25分;连接附着充分紧凑(130°)者,评45~50分(图3-9)。乳房损伤或患乳腺炎时,应看不受影响或影响较小一侧的乳房。该性状与奶牛健康状态有关。通常认为,连接附着偏于充分紧凑者为佳。

极度松弛(1~5分)　　中等结实(25分)　　附着充分紧凑(45~50分)

图3-9　前乳房附着线性评分标准示意图

⑩后乳房高度　主要根据乳腺组织上缘到阴门基部的距离(高度)进行线性评分。该距离为 20 厘米者,评 45～50 分;距离 30 厘米者,评 25 分;距离 40 厘米者,评 1～5 分(图 3-10)。评定该性状时,应注意识别乳腺上缘的位置,不要被松

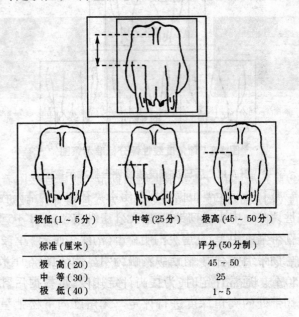

标准(厘米)	评分(50分制)
极　高(20)	45～50
中　等(30)	25
极　低(40)	1～5

图 3-10　后乳房高度线性评分标准示意图

弛的乳房所迷惑;难于看清时,看刚挤完奶的乳房的性状。后乳房高度可显示奶牛的潜在泌乳能力。通常认为,乳腺上缘极高者为佳。

⑪后乳房宽度　主要根据后乳房左右两个附着点之间的宽度进行线性评定。宽度小于 7 厘米者,视为后乳房极窄,评 1～5 分;15 厘米者为中等宽度,评 25 分;大于 23 厘米者为后乳房极宽,评 45～50 分(图 3-11)。刚挤完奶时,可根据乳房

皱褶多少,加 5~10 分。后乳房宽度也与潜在泌乳能力有关。通常认为,后乳房极宽者为佳。

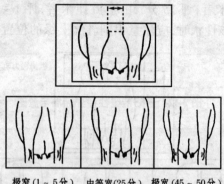

极窄(1~5分)　中等宽(25分)　极宽(45~50分)

图 3-11　后乳房宽度线性评分标准示意图

⑫悬韧带　主要根据后视乳房中央悬韧带的清晰程度进行线性评分。中央悬韧带松弛,无乳房纵沟者,评 1~5 分;中央悬韧带强度中等,乳房纵沟明显者(沟深 3 厘米),评 25 分;中央悬韧带结实有力,乳房纵沟极为明显者(沟深 6 厘米),评 45~50 分。通常评定时,为提高评定速度,可根据后乳房底部悬韧带处的夹角深度进行评定。无角度向下松弛呈圆弧者,评 1~5 分;呈钝角者,评 25 分;呈锐角者,评 45~50 分(图 3-12)。只有坚强的悬韧带,才能使奶牛乳房保持应有的高度和乳头的正常分布,减少乳房损伤。

⑬乳房深度　主要根据乳房底平面与飞节的相对位置进行线性评定。乳房底平面在飞节下 5 厘米(极低)者,评 1~5分;在飞节上 5 厘米(中等)者,评 25 分;在飞节上 15 厘米以上(极高)者,评 45~50 分(图 3-13)。观察乳房底面时应蹲下尽量保持平视乳房,底平面斜时,要以最低的位置审定。从容

无乳房纵沟（1～5分） 纵沟明显（25分） 纵沟极为明显（45～50分）

图 3-12 悬韧带线性评分标准示意图

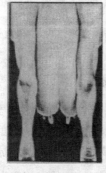 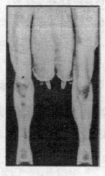 

乳房底平面极低（1～5分） 中等（25分） 极高（45～50分）

图 3-13 乳房深度线性评分标准示意图

积上考虑，乳房应有一定的深度，但过深时又影响乳房健康，因为过深的乳房容易受伤和发生乳腺炎。通常认为，过深和过浅的两极端乳房均不理想。各胎乳房深度的适宜线性评分为：初产牛在30分以上；2～3胎牛应大于25分；4胎牛应大于20分。对该性状要求严格，如乳房底面在飞节上评20分，稍低于飞节即给15分。

⑭乳头位置　主要根据后视前乳区乳头的分布情况进行线性评定。乳头基底部在乳区外侧，乳头离开的个体，评1～5分；乳头位置在各乳房中央部位者，评25分；乳头在乳区内

侧分布、乳头靠得近者,评 45 ~ 50 分(图 3-14)。评定该性状时,要求鉴定员在牛体的后方,蹲下观察,重要的是看前乳区两个乳头的位置。乳头在乳区内的位置不仅关系到挤奶方便与否,也关系到乳头是否易受损伤。通常认为,乳头分布靠得较近者为佳。

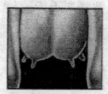 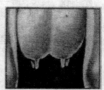 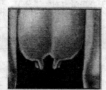

乳头位于乳区外侧　　　　乳头位于乳区中央　　　　乳头位于乳区内侧,间距极小
　（1 ~ 5 分）　　　　　　　（25 分）　　　　　　　　（45 ~ 50 分）

图 3-14　乳头位置线性评分标准示意图

⑮乳头长度　主要根据前乳区乳头长度进行线性评分。长度为 9 厘米者,评 45 分;长度为 6 厘米者,评 25 分;长度为 3 厘米者,评 5 分。乳头长度与挤奶难易以及是否易受损伤有关。

最佳乳头长度因挤奶方式而有所不同。手工挤奶乳头长度可偏短,机器挤奶,以 6.5 ~ 7 厘米为佳。

(2)计算总评分　15 个线性评分完成以后,可转换为功能评分,然后用这些功能评分乘以不同的权重系数,即可得四大部分的分数,相加后即可得出总评分(表 3-3)。

表 3-3 　总评分及特征性状的权重构成

特征性状	体躯容积(15分)				乳用特征(15分)					一般外貌(30分)							泌乳系统(40)分							总评分
具体性状	体高	胸宽	体深	尻宽	棱角性	尻角度	尻宽	后肢侧视	蹄角度	体高	胸宽	体深	尻角度	尻宽	后肢侧视	蹄角度	前乳房附着	后乳房高度	后乳房宽度	悬韧带	乳房深度	乳头位置	乳头长度	
权重	20	30	30	20	60	15	15	10	20	15	10	20	20	20	15	10	20	15	10	15	25	7.5	7.5	

二、肉牛的选择要点

牛肉在国外是高价畜产品，我国也出现牛肉价格上升趋势。然而高价牛肉在东、西方各国要求不同。日本要求大理石花纹程度极高的牛肉，西南欧国家则要求净瘦肉比例高的牛肉。所以，对牛种的选择不能一律要求。世界上各国对肉用牛要求千差万别，但也有一种趋势，即欧洲大陆型牛在各国推广很快，以原有的英国早熟型肉牛作为母系配套，与大型牛杂交效果很好。

牛的体型首先受躯干和骨骼大小的影响，如颈脊宽厚是肉牛的特征，与奶牛要求颈薄形成对照。肉牛肩峰平整且向后延伸直到腰与后躯都能保持宽厚，这才是生产高比例优质肉的标志。

犊牛体型可以分成不同类型。犊牛生长早期如果在后胁、阴囊等处就沉积脂肪，这就表明它不可能长成大型的肉牛。体躯很丰满而肌肉发育不明显，也是早熟种的特点，对出高瘦肉率是不利的。大骨架的牛比较有利于肌肉着生，但在选择时往往被忽视。

由于肌肉发达程度随年龄的增长而加强,并相对地超过骨骼的生长。那么在选择肉牛时,如果青年阶段体格较大而肌肉较薄,表明它是晚熟的大型牛,它将比体格小而肌肉厚的牛更有生长潜力。所以,同龄的大型牛早期肌肉生长并不好的,后期却能成为肌肉发达的肉牛。

体躯的骨骼、肌肉和脂肪沉积程度共同影响着外表的厚度、深度和平滑度。牛在生长期如肩胛、颈、前胸、后胁部,以及尾根等,如果形态清晰,宽而不丰满,看上去瘦骨嶙峋,却是有发育前途的;相反,外貌丰满而骨架很小的牛不会有很大的长势。

肉用牛的体型外貌要求与奶用牛不同,各部位的结构即使相同,却另有特殊的名称。但评分的总原则是一样的,尤其是站立姿势、结实程度的表现等都有共同点,故不另列评分表。譬如说,不结实的腿肢不仅影响母牛的繁殖寿命,也影响其活力,对肉用牛也是不可忽视的。腿肢站立端正,飞节有一定的角度而不是绝对的直立,系部有一定斜度,而不是端直,是最省力的姿势,也是少消耗饲料的标志。关节和系部有适当的角度,带一定的弹性和灵活度是放牧牲畜的重要性能。这些如果不到很糟糕的程度,一般不作淘汰处理,因都可肉用。但对种牛要按专门标准选择。

不同的牛种在体型上有各自的特点,因各部位都受品种的影响,所以肉牛各部位好坏的评价,不同品种之间的评分不同,但要强调综合性状。

通常短、宽和大的头标志着早熟,但也不能一概而论,如安格斯牛的头比夏洛来牛的头要小得多,却早熟。在我国有的地区用于黄牛杂交的肉用牛品种很多,要结合原种的情况分别对特。

牛的体型结构评分从肉用方面要求可以分成 3 种：即体型评分；肌肉发育程度评分；膘情评分。如果这 3 种评分各得 4 分，总结果是 4：4：4，这头牛几乎是最好的选择对象。

(一)体型评分

虽然体型是受肌肉的量和体况影响的，但体型评分还应该反映骨骼发育的一般情况，一般在犊牛周岁时评分比幼龄期评分准确。随着年龄的增长，体型的差异日趋明显。

1 分　骨骼粗短，腿短，体躯短，过早长肥，不宜于着生丰厚肌肉。

2 分　不如"1 分"牛那么短粗，但骨架仍很短。周岁时比"3～5"分的牛看起来更像成年牛。

3 分　中等体格，周岁的牛表现出很旺的生长潜力。

4 分　比"3 分"牛显得更高、更长和更宽，它比低分的牛显得更为晚熟。

5 分　最高最长，周岁具有成年牛的体格，在许多情况下它比低分的牛更为晚熟。周岁牛的头和颈部呈小犊牛的长相。

(二)肌肉发育程度评分

肌肉度的变化范围由极瘦到极发达，无论是周岁还是小牛犊，肌肉发达程度都由好到差，这一特性比较容易评定。

1 分　肌肉很不发达。前肢和后膝很消瘦，腰背侧肌肉贫乏。体躯狭窄，后躯瘦骨嶙峋。

2 分　肌肉不发达，属下等肌肉度。快速生长的肉用种犊牛,肌肉束显得很细长,周岁的牛显得瘦而纤细。

3分　肌肉度中等。四肢都有丰富的肌肉,前肢和后膝发育很好。前后肢站立姿势宽窄自然,后膝部很厚实,腰部丰满,厚薄适中。

4分　肌肉度丰硕。犊牛肌肉发达,后躯肌肉很发达,肩和前肢肌肉突出,后躯内外侧丰满,肌肉下延至飞节。

5分　双肌肉。尾根基部不清晰,前后躯肌肉间沟明显,其他部位肌肉也极丰厚。

(三)膘情评分

膘情评分与某头牛的膘度是否肥厚有关。在一定程度上可以作出非主观的评价;它也可以按1~5分评定。

1分　很瘦。缺少自然膘情,周岁牛因过瘦而显得瘦骨嶙峋,全身过分单薄。

2分　瘦。肌肉薄,但比"1分"的强,犊牛肋骨显露,四肢贫乏,前后胁及其内侧清瘦,腰角突出,背部干瘪无肉。

3分　适中。在各种环境条件下都有足够的膘度,而不太肥。肌肉匀称,肋骨、腰角、坐骨端和肩端部都覆盖良好。前胸、颈和胁方正整齐。

4分　中上等。膘度更好。背和臀部呈方形,肩静脉沟、肘突、胁部内侧都较丰满。前胸、垂皮丰厚。

5分　肥。腰背、胁内侧和前胸过度肥胖。尾根、臀部、腰部和颈部都因过肥而不协调,躯干厚深饱满。阴囊囤积脂肪。

(四)评定的年龄

3种体型结构的的评定可以在犊牛的断奶、8月龄、周岁龄和 18 月龄时进行。但要同时评出 3 种得分,因这种评分可能受饲养管理的影响,因此,在大群进行时,尤其在放牧条件下,最好是在相同的牧草生长时期进行。

(五)应用范围

体型结构的评分,不但可以作为肉用牛的评定,而且还可以作为种牛选择的标准,用于后裔鉴定,杂交效果评定,优秀公、母犊牛鉴别等;但膘情评分不是得分越高越好。当然,对肉用公牛的后裔测定,还是后裔中得分高的犊牛比例越大越好。

(六)架子牛和屠宰牛的质量和产量等级评定法

在收购架子牛时,收购什么样的牛为好,屠宰时达到什么程度的膘情为好,在发达国家已有现成的评定方法。收购架子牛时,以膘度稍差一些的较为划得来,可以有较低的买价和较好的补偿生长能力。当牛过肥时,虽然屠宰率高,但在切割成商品牛肉时,要切除过厚的皮下脂肪和腔内脂肪。且过肥的肉块被定为中低档的售价,因此,收购过肥的牛在肥育中得不到回报。所以,在现代肉牛生产中,只会对活牛估出体重是不够的,而必须区分质量等级和产量等级以及屠宰时可出多少肉,提供什么质量的胴体,这可以看活牛来评定。这里介绍美国的图示评定方法(图 3-15)。

以上评定的结果,对牛的屠宰和牛肉加工具有重要意义。

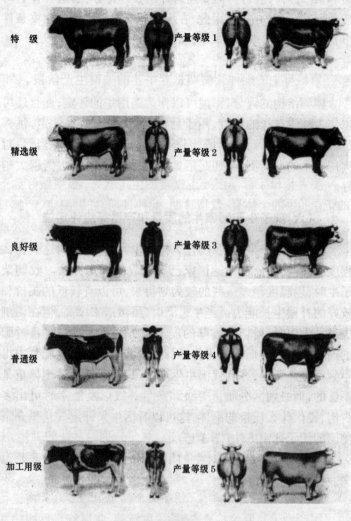

特　级　　　　　　　　　　产量等级 1

精选级　　　　　　　　　　产量等级 2

良好级　　　　　　　　　　产量等级 3

普通级　　　　　　　　　　产量等级 4

加工用级　　　　　　　　　产量等级 5

图 3-15　屠宰牛质量等级与产量等级图示

第四章 牛的繁殖

繁殖母牛的配种受胎期是养牛业的关键生产阶段,必须特别注意。

一、繁殖指标和发情观察

要考核母牛群是否处于正常的生产状态,必须做好如下的记录:牛的个体号、发情日期、配种日期、妊娠测定、产犊日期及难产情况等。记录项目要简单明了,要用育种委员会或技术推广站拟定的统一表格,以便汇总有用的材料。

(一)健康母牛群的繁殖指标

几十头以上的母牛群,有良好的技术管理,应该达到以下繁殖指标:空怀天数为 50~75 天;每次妊娠的平均授精次数为 1.5~1.8 次;产犊到第一次授精的天数为 35~55 天;小母牛配种年龄为 14~16 月龄(发育好的牛种)至 18~24 月龄(培育条件不好的地方)。

要达到这一系列管理指标,必须执行一套完整的管理措施,也叫做必要的繁殖管理程序。这是一项经常性的工作,主要内容是对繁殖母牛生殖器官的检查和按免疫程序准时接种。其顺序如下。

第一,对所有产后母牛,要在第十四至第二十八天内进行第一次产后子宫复位检查,接种牛副流感、牛属病毒性腹泻和钩端螺旋体病等疫苗。

第二,对产后出现过异常的母牛要每隔 15~20 天进行 1 次复查,直至能正常配种为止。

第三,凡是产后 60 天还无发情表现的牛都要重点检查。

第四,对输精 3 次以上未妊娠者,也要复查。

第五,对发情周期异常的母牛都应在适配期仔细检查。

第六,对阴道排出异常粘液或发出恶臭者要查清原因,及时治疗。

第七,对配种后 30 天或 30 天以上的母牛要进行妊娠检查。

对以上检查和处理情况要准确及时地记录,并追踪每头母牛的繁殖状况,对病牛要采取适当措施和必要的治疗。有关的系统记录制度将在牛群管理章中介绍,这里只介绍繁殖方面的管理。

(二)发情特征观察和适宜输精期

在奶牛不育症的研究中,人们发现,许多母牛的不育,不是母牛本身的毛病,而是管理上失误造成的。这种不育占不育牛的 70% 以上。因此,牛场内发情检查是最重要的一环。现将发情征兆及有关表现加以说明。

1. 发情周期　母牛平均每 21 天发情 1 次,范围是 18~24 天,分为发情前期、发情期、发情后期和休情期 4 个阶段。正常母牛发情期的间隔是不变的。

随着母牛体内的卵子在卵巢上的生长发育而开始发情,然后就会排卵。当卵子进入输卵管后,缓慢地移动,需要 70~90 个小时才能到达子宫。在输卵管内,卵子碰上精子便发生受精。精子从腔状区(宫颈前部)移向受精点,这种移动的速度,随发情的时期而异,有时需要几分钟,有时需要 2~3 个小时,从发情中期至末期移动得最快。若母牛未受孕,其体内又有另一个卵子生长发育所替代,继之又产生下一个发情周期。

2. 发情征象 大多数母牛发情持续 18 个小时左右(6~36 个小时)。通常在发情结束后 7~17 个小时排卵。正确的交配时间是接近发情的末期,因为精子在母牛生殖道的正常寿命为12~24 个小时。

在发情期间生殖道的供血量增加,造成一些微血管破裂,在发情后 12~24 个小时有少量血液渗出,而且从生殖道流出。但这不表明母牛是否受孕。此现象在 80%~85% 的母牛都可以看到。受孕母牛发情也很常见。不同阶段的发情征候要点如下。

(1)发情前期 即母牛开始发情的头 8 个小时(进入发情旺期之前)。哞叫比平常多。离群,靠着围栏走,企图跳到相邻的牛群里。外阴光滑肿胀,潮湿而且红润,分泌出清亮的粘液。嗅其他母牛尾根,企图爬跨,但它不会站着让其他母牛爬跨。产奶量下降,食欲减退。

(2)发情旺期(通常是 18 个小时) 站立接受爬跨,爬跨其他母牛,哞叫频繁,神经过敏而且易怒。通常是产奶量下降,拒食。

(3)发情后期(通常是过了 12 个小时) 不会站着让其他母牛爬跨。产奶量回升,食欲及采食正常,外阴有清亮粘液。

发情结束后的第二天,可发现有稀薄血水排出。发情未被发现(静发情),这种征候也会出现。

3. 异常发情和假发情 正常母牛的发情时间是从上次发情期后的 18~24 天之间,发现少于 16 天或超过 24 天的发情的,可考虑为异常发情。发情周期过长或过短,就需要诊治。

已孕青年母牛表现发情征兆的称为假发情。一般占孕牛的 5% ~ 10%,甚至临产前的初妊母牛也有时呈现发情表现。所以,已确诊妊娠的母牛出现发情时,千万不能再给它配种,以免引起流产。管理人员对假发情必须十分警惕,要借助于正确的记录才能避免失误。

4.检查和观察发情的关键时刻 观察并发现母牛发情是饲养人员一项很重要的任务。因为多数母牛是在夜间开始发情,有一半是在次晨被发现。所以,傍晚和黎明是检查与观察母牛发情的关键时刻。

从实际情况来看,早晚各 1 次观察正处于发情阶段的母牛,加上中午的检查,才能避免漏检。准确地观察,才能在最佳时期配种,获得最高的受胎率。从下列数据可以看出输精时间的重要性(表 4-1)。

表 4-1 配种时间对受胎率的影响

配种在发情结束前或后	母牛头数	受胎率(%)
18 ~ 12 小时前	25	44.0
12 ~ 6 小时前	40	82.5
6 ~ 0 小时前	40	75.0
0 ~ 6 小时后	40	62.5
6 ~ 12 小时后	25	32.0
12 ~ 18 小时后	25	28.0
18 ~ 24 小时后	25	12.0

注:据美国威斯康星州资料;卵子在生殖道的寿命为 6 ~ 10 个小时,精子获得授精能力需 6 个小时

空怀时间长短受许多因素影响,发情检查不力是造成空怀期延长的主要原因之一(表 4-2)。

表 4-2　两次妊娠间损失的天数

原　　因	损失的天数	占总损失天数(%)
输精不成功	19.1	45.3
发情未观察到	17.9	42.5
卵巢囊肿	2.1	5.0
流产(34～150天)	2.1	5.0
子宫感染	0.4	1.0
生殖道异常	0.3	0.7
流产(151～230天)	0.2	0.5

注：据美国北卡罗来纳州对884头母牛空怀期超过100天的情况调查

表4-2证明，发情观察不周详所造成的失配，仅次于输精不成功的损失率。

5.影响发情的因素　在牛群内可能发现少数母牛发情不正常或不发情。其原因固然很多，但不外乎以下一些情况：①子宫感染，使发情期不规律；②黄体囊肿，这是产犊后常见病，常表现为不发情；③气候异常，如气温过高，达35℃～41℃的时候，影响发情期的长短；④各种应激反应，如高产奶量、贫血等，造成发情不明显，或根本不发情；⑤营养不足，如缺磷，小母牛可能不发情。

6.最佳配种时间　尽管母牛发情期有长有短，但最佳的配种时间是在母牛显示发情后的15～18个小时。据生产调查，大约有85%的母牛在此时配种是最容易受孕的。一般来说，成年母牛第一次输精应该在发情后的18个小时，青年母牛为15个小时。

发情结束后7～17个小时排卵，正常的母牛以10个小时左右排卵为多。上述时间输精，精子在母牛生殖道中能适时地与卵子结合，可达到较高的受孕效果。

要达到满意的繁殖结果，饲养者和配种技术员之间必须密切配合。因为人们发现发情的时间，不一定就是开始发情的时间。一般在早上发现母牛发情，当天傍晚即可做第一次输精；若在中午看到发情，可在第二天早晨输精。如果1头牛下午发情，另1头于翌日晨发情，两头牛都可以在次日下午输精。如果这2头牛中前1头是青年母牛，后1头是成年母牛，则前者不要晚于翌日中午输精，另1头可于翌日傍晚或后日晨输精。

目前已知大多数卵子从卵巢释放后其生殖力只能维持几小时，而精子却能维持较长时间，一般为12～24个小时。正确的输精时间能保证雌、雄生殖细胞在生殖力旺盛阶段内结合，赋予胎儿较强的生命力，对降低流产率有重要意义。所以说对生理功能正常的母牛，恰当的配种时间，应该在母牛发情结束或接近发情结束时。

在自然交配的情况下，如果在一个独雄群内，公、母牛比例保持1：20～30时，母牛的受胎率比较高。在这种情况下，适宜的交配期是受母牛接受爬跨和公牛试探母牛的时间所制约的。在人工授精的情况下，于发情结束前数小时的范围内，采用触摸卵巢检查卵泡发育情况的办法，可以比较宽裕地在有效时间范围内进行人工配种。精液在母牛子宫内存在12个小时以内，受孕率就比较高。我国推广深部输精的技术，在触摸到卵巢已处于变软的滤泡期到刚排过卵的阶段，即可输精，以保证较高的妊娠比率。如果滤泡发育处于开始阶段，比较坚硬时就输精，使精子在母牛子宫中长达25～30个小时，精子活力衰退，受胎率不可能高。

最佳输精期的掌握也不很难，关键在于积累经验，并要十分重视发情的观察。

(三)产后再配

母牛产后什么时候适宜于交配或输精呢?长期以来,公认产后要有60天的空怀等待期。而近来研究表明,不需要这么长,分娩后35~40天第一次发情就交配或输精可减少20天的等待期。但由于产后第一次发情容易被忽视,估算平均会耽误5天,因而一般只能缩短产犊间隔15天。产后不同的空怀天数里,受孕的难易有别。受孕需要配种或输精的次数见表4-3。

表4-3 空怀天数与配种次数

产后空怀的天数(天)	受孕所需的输精次数(次)
30	2.50
40	2.25
50	2.05
60	1.85
70	1.75

由表4-3说明,母牛产犊后的第三十天若要受孕成功,平均需要输精2.5次;产后第七十天受孕,平均只要1.75次。

缩短产犊间隔,降低成本,正好可以弥补输精次数稍多的精液成本。在提前配种的试验中,没有发生更多的胚胎死亡、流产、子宫炎、胎盘滞留或初生犊软弱等问题。提前配种有45%左右的母牛第一次输精就受孕了。对于这些母牛,还要保证其40~60天的干乳期。这样必然要使泌乳期缩短,达不到305天。但这一缺点可由其终生增加胎次来弥补,而且按终生计算,泌乳高峰期的总时间也增加了。

二、人工授精

输精能否成功,取决于许多因素。一方面是能否严格地遵守操作规程;另一方面是精液质量。

(一)操作规程

1. **对输精人员的要求** 输精前要剪短、磨光指甲,戴上胶质手套或者用2%来苏儿或0.1%新洁尔灭液消毒手臂,然后用凉开水清洗,在连续给几头母牛输精时须每次重新冲洗和消毒手臂。母牛的外阴部应消毒,当外阴很脏时,要先用清水洗去污物,再用上述消毒液冲洗,之后用灭菌温水冲去消毒液。

2. **输精器材** 输精管必须每头母牛1根,不可连续使用,以免传染疾病;擦干外阴要使用卫生纸,一次性使用,不可用毛巾等重复使用。

3. **输精方法** 直肠把握法输精时,先由右手掏去粪便,再伸入直肠,摸到并把握住子宫颈的外口端,使子宫颈外口与小指形成环口持平(图4-1)。再将输精管引入阴门,达到子宫颈口(右手掌可感触到)后,将干净的吸有精液的注射器连接输精管伸入子宫颈内,进行注射。用深部输精法时,要将输精管伸过子宫颈,在管子达到子宫角基部时再注射。因精液冷冻的方式不同,如有冷冻颗粒、细管、安瓿等,输精器械也不一样(目前较常用的是凯苏枪),但基本原理是要使输精管通过阴门后依然是干净的,所以输精管没有套管时,要用手掌包住输精管头伸入阴道,再慢慢导到子宫颈口,然后还是那只手握

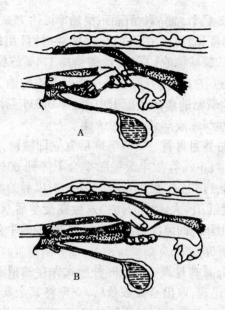

图 4-1　牛的直肠把握输精法

A. 不正确的做法　　　B. 正确的做法

住输精管,将它推到子宫角基部,再将精液推入子宫。

(二)精液处理和应用

1. **精液解冻**　用颗粒精液时,先在小试管内加 1 毫升解冻液,使温度上升到 40℃~42℃,然后将颗粒精液放入试管内,不停地摇动,使之融化,即可使用。安瓿冷冻精液,可在烧杯中放好 40℃~41℃的温水,将安瓿投入其中,不断搅动,使安瓿内精液融化,当精液已大部融化后,即可取出待用。细管冻精,可将细管放入 40℃的水浴中解冻。以上 3 种冻精融化后都要做精子活力检查,只有活力在 0.3 以上,很好地前进运动时,才能使用。在用 0.5 毫升的细管时,前进运动的精子数为 0.2 亿~0.3 亿个,在这种情况下,受胎率可达 75%~80%。

2. 解冻(稀释)液　在使用颗粒精液时,可用以下解冻液:①2.9%柠檬酸钠液;②3%葡萄糖加 1.4%柠檬酸钠液;③复合稀释液(在 100 毫升蒸馏水中溶解柠檬酸钠 1.7 克,蔗糖 1.15 克,碳酸氢钠 0.09 克,磷酸二氢钾 0.235 克,氨苯磺胺 0.3 克)。这些解冻液都必须经过灭菌。

3. 解冻后使用时间　精液解冻后宜立即输精,此时受胎率可达 75%~80%,存放半天受胎率会下降到 60%以下,24个小时后降低到 50%。使用解冻 12 个小时以后的精液,胎儿的早期死亡率上升,大多数的死亡发生在受孕后 90 天之内。故提倡只使用新鲜的解冻精液,如果同时配种的牛多,也最好是随使用随解冻。

4. 冷冻精液的提取　无论何种形式保存的精液,从液氮罐提取,都应迅速,取出必要数量后,立刻将其余要继续保存的沉入液氮中。如果放回时听到尖鸣声、霹雳声、炸裂声或看到明显的液氮气化现象,则被放回的精液已受到严重损失,精子的活力会大大降低,甚至完全死亡。

设立人工授精点,必须有一套必要设备。授精用器材包括:开膣器、授精器、授精导管、阴道照明器等;精液质量检查器具,如 600 倍显微镜、保温箱、载玻片、盖玻片、细玻璃棒、血球计数器、计数器、100 毫升小量杯;精液保存用具,如液氮罐、恒温箱、蒸馏器和注射器等;消毒设备,如干燥箱、消毒锅、酒精、电炉或适用于本地的炉子、棉花、纱布等;一般的玻璃器皿,如大小试管、离心管、滴管、烧杯(100~500 毫升)、大玻璃瓶(10 000 毫升)和漏斗;其他用品,如天平(1/100~1/1 000)、药品柜、洗涤架、污物桶、剪刀、大小镊子、漏斗架、胶皮管、瓶刷(各类大小)、搪瓷盆、滤纸等等;必要的化学试剂,随常用稀释液的配方而异。

三、妊娠检查

配种工作好坏表现在是否怀孕。怀孕与否要进行妊娠检查,此检查是保护已怀孕母牛和对未孕母牛采取重新配种的关键手段。负责繁殖工作的人员必须认真而熟练地掌握怀孕检查的技术。

妊娠检查的主要依据是胚泡的发育及随同出现的生殖器官的变化。

精子和卵子在输卵管前 1/3 处结合后,要 3～5 天才能到达子宫。卵子受精后开始分裂增殖,在变成囊胚或胚泡后进行检查才有实际意义。牛怀孕 20 天时,胚泡长到 2～3 厘米长。这是确认怀孕的最早依据。此时胚泡在子宫内并未着床,而是游离在宫内,从受孕角到另一角,需经 20～30 天时间。在子宫角基部着床,已怀孕 1.5～2.5 个月,这时容易流产,直肠检查触摸时必须要小心,动作要谨慎。

妊娠早期子宫在黄体分泌激素的作用下开始变厚,准备接受着床。子宫角开始变硬、紧缩,在子宫底的两子宫角交界处出现凹沟,空角比孕角硬一些。在怀孕 2 个月时,子宫角间沟变得不明显,子宫壁出现子叶,到 3 个月时可明显地隔着直肠触摸到子叶。

怀孕期间卵巢上必定有黄体,黄体同卵巢在怀孕 5 个月时随子宫体沉入腹腔,不能触及。牛的子宫颈紧闭,形成粘稠液体,堵塞子宫颈,颜色由白变黄,而子宫颈本身变细,并稍硬一些,位置往往偏向一侧,在阴道检查时很有参考意义。此时阴道粘膜颜色变淡,粘液浓稠,不滑润,在阴道检查时,开膣器的伸进或拔出都较发涩。牛子宫中动脉在妊娠状态下变直、变粗、分枝增多,血流量增加,脉搏洪大有波动感,妊娠到3个月脉搏开始比较容易摸到,4个月时就可很清楚感觉到搏动。

妊娠检查的方法很多,有两种早期怀孕的检查方法最值得介绍。

(一)直肠检查

直肠检查的预备操作与检查发情和人工授精时操作要求相同,只着重介绍牛怀孕后不同阶段的触觉感受。

妊娠后30天,子宫角的孕角比空角要粗大,孕角较松软,触到时不收缩或缩力甚微,空角较硬而有弹性,弯曲明显。卵巢可触到大的黄体。两个子宫角不对称,一侧卵巢因有黄体存在而明显地感到硬而大,是此阶段判定妊娠的主要依据。

妊娠60天时,因胎儿坠入腹腔,出现卵巢移位,卵巢从耻骨前缘附近移到稍远的地方。子宫角的孕角比空角大2倍,并有波动感,两宫角分岔处可摸到间沟。子宫角由骨盆腔移入耻骨前缘。

妊娠90天时,孕角大如人头,有明显的波动。并可摸到胎儿,孕侧的子宫中动脉有搏动感,有时可摸到蚕豆大的子叶,角间沟已摸不到。

妊娠120天时,孕角大而明显,可清楚地摸到子叶,其大小同卵巢。可摸到胎儿,孕角脉搏已很明显。

作为怀孕检查,到120天已能满足生产上对孕牛确诊的要求。

为使直肠检查有详细的依据,各地畜种改良站的技术人员可参考表4-4作出妊娠判断。

(二)阴道检查

这种方法在直肠脱出、直肠有破伤或直肠过肥时应用。它的主要依据有以下三点。

第一,外阴部收缩,阴裂紧闭,形成一条直线,直线两侧的壁上有许多皱纹。翻开阴唇可看到苍白的粘膜。

第二,阴道内粘液浓稠,白色;手伸入时发涩,在手指上沾有浆糊状稠浆,有一种特殊气味。

第三,当手臂能伸入阴道时,子宫颈口处可摸到发硬的管状物,多偏向一侧,有时因怀孕中的阴道粘液很稠,不宜作宫颈部检查,以免母牛挣扎,努责,引起流产。这种检查法若消毒不严格可引起阴道感染,造成阴道炎,不利于保胎,故不到必要的时候不要采用。

四、保 胎

怀孕后的母牛可能因饲养管理不当等各种原因发生流产,造成损失。所以做好怀孕母牛保胎工作十分重要。

(一)妊娠母牛的饲养

怀孕母牛,除保证供给胎儿生长发育的营养外,还要保证产后的大量泌乳和正常的发情。但要保持体况在中上等的膘情,不可过肥。过肥母牛会产弱犊,并导致乳腺内积脂,影响泌乳。对怀孕后期的母牛应尽量提供优质青干草和青贮饲料,并注意补充矿物质。如怀孕母牛的体重约500千克,每天要提供30克钙和24克磷,日粮中钙、磷比为1~2∶1。

表 4-4　妊娠母牛的

器官变化		未孕、不发情	妊娠20~25天	妊娠1个月	妊娠2个月	妊娠3个月
卵巢	大小	常在一侧有黄体,且增大	妊娠侧有较大黄体	妊娠侧有较大黄体	妊娠侧有较大黄体	妊娠侧有较大黄体
	位置	骨盆腔耻骨前缘	骨盆腔耻骨前缘	骨盆腔耻骨前缘	耻骨前缘下	孕角卵巢移至耻骨前缘下方
子宫角	形状	绵羊角状,经产牛的较为伸展	弯曲的圆筒状	弯曲的圆筒状,孕角不甚规则	孕角扩大,空角的弯曲尚规则	形如袋,空角突出在旁
	粗细	拇指粗,经产牛有时一侧大	孕角稍粗	孕角稍粗	孕角较空角粗1倍	孕角明显增大,提宫颈有重感
	角间沟	清楚	清楚	清楚	已不清楚,但分岔处清楚	消失,但可摸到分岔
	质地	柔软	孕角壁厚,有弹性	孕角松软,有波动,空角有弹性	薄软,波动清楚	薄软,波动清楚
	收缩反应	触诊时收缩,有弹性	触诊时有收缩反应	孕角不收缩或有时收缩	孕角不收缩或有时收缩	无收缩
	子叶	无	无	无	已有,但摸不出来	有时可感到蚕豆大小
	位置	骨盆腔内	骨盆腔内	骨盆腔内	耻骨前缘	前缘下,入腹腔
胎儿		无	摸不到	摸不到	摸不到	有时可摸到
子宫颈		骨盆腔内	骨盆腔内	骨盆腔内	骨盆腔内	耻骨前缘
子宫动脉搏动	子宫中动脉	麦秆粗,正常	正常脉动	正常	孕角增粗1倍	可感到轻微怀孕脉动
	子宫后动脉	麦秆粗,正常	正常脉动	正常	正常	正常

生殖器官变化表

妊娠4个月	妊娠5个月	妊娠6个月	妊娠7个月	妊娠8个月	妊娠9个月
妊娠侧有较大黄体	妊娠侧有较大黄体	妊娠侧有较大黄体	妊娠侧有较大黄体	妊娠侧有较大黄体	妊娠侧有较大黄体
只能摸到卵巢	摸不到	摸不到	摸不到	摸不到	摸不到
增大呈囊状向下垂	入腹腔可摸到子宫壁	入腹腔可摸到子宫壁	入腹腔可摸到子宫壁	入腹腔可摸到子宫壁	入腹腔可摸到子宫壁
消失,无分岔	消失	消失	消失	消失	消失
薄软,波动清楚	薄软	薄软	薄软	薄软	薄软
无收缩	无收缩	无收缩	无收缩	无收缩	无收缩
清楚如卵巢	摸不到	鸡蛋大	鸡蛋大	较鸡蛋大	较鸡蛋大
前缘下,入腹腔	前缘下,入腹腔	前缘下,入腹腔	前缘下,入腹腔	前缘下,入腹腔	前缘下,入腹腔
有时可摸到	部分可摸到	有时摸不到	易摸到	易摸到	易摸到
前缘入腹腔	前缘入腹腔	前缘入腹腔	前缘入腹腔	前缘入腹腔	盆腔内
搏动大	铅笔粗	两侧有搏动	空角已明显	两侧明显	两侧明显
正常	正常	正常	孕角搏动	搏动加强	两侧清楚

无论舍饲或放牧的牛,都不能喂发霉或腐败的草料。饮水温度至少要保持在 12℃ ~ 16℃,绝对不能饮用冰冷的水。

(二)妊娠母牛的管理

奶牛场的怀孕母牛都有固定槽位,比较安全。但挤完奶不要把孕牛与其他牛同时放行,一般在其他牛放走后再放孕牛,以免抢道而挤伤。肉用品种的怀孕母牛,牛舍要比肥育牛舍宽敞,防止挤压,避免相互顶撞。

有使役任务的牛要有专人使用,不要驾辕拉车,使役强度不能过大,不要拐死弯、打冷鞭、爬高坡。临产前 1 个月要停止使役,每天牵着运动 2 次,以免造成难产。

母牛的怀孕期约 280 天,不同品种的牛略有差异(表 4-5)。为做好母牛临产前的管理工作,必须掌握母牛的预产期。预产期的计算方法是:首先应知道怀孕的最后 1 次输精日期,将月份减 3、日期加 7,或者将月份加 9、日期加 7。如最后 1 次配种日期是 5 月 8 日,则预产期是第二年的 2 月 15 日;再如,最后 1 次配种日期是 1 月 20 日,则预产期是 10 月 27 日。

表 4-5　不同品种母牛的平均怀孕期

品　　种	怀孕天数	品　　种	怀孕天数
爱尔夏牛	278	西门塔尔牛	284
美国瑞士褐牛	288	安格斯牛	276
更赛牛	283	夏洛来牛	290
荷斯坦牛	279	海福特牛	279
娟姗牛	278	奶用短角牛	282

五、分娩与助产

分娩是指妊娠期满的母牛,将子宫内的胎儿及其附属物排出体外的过程。助产是指借助于外力帮助母体分娩的一种辅助方法。

(一)预产期

为使养牛户确切知道所养母牛的预产期,做到有准备地助产,可参考表4-6推算预产期。

表4-6 牛的预产日期推测表*

配种月的日期	配种月份											
	1月	2月	3月	4月	5月	6月	7月	8月	9月	10月	11月	12月
	产犊月份											
	10月	11月	12月	1月	2月	3月	4月	5月	6月	7月	8月	9月
1	8	8	6	6	5	8	7	8	8	8	8	7
2	9	9	7	7	6	9	8	9	9	9	9	8
3	10	10	8	8	7	10	9	10	10	10	10	9
4	11	11	9	9	8	11	10	11	11	11	11	10
5	12	12	10	10	9	12	11	12	12	12	12	11
6	13	13	11	11	10	13	12	13	13	13	13	12
7	14	14	12	12	11	14	13	14	14	14	14	13
8	15	15	13	13	12	15	14	15	15	15	15	14
9	16	16	14	14	13	16	15	16	16	16	16	15
10	17	17	15	15	14	17	16	17	17	17	17	16
11	18	18	16	16	15	18	17	18	18	18	18	17
12	19	19	17	17	16	19	18	19	19	19	19	18
13	20	20	18	18	17	20	19	20	20	20	20	19
14	21	21	19	19	18	21	20	21	21	21	21	20
15	22	22	20	20	19	22	21	22	22	22	22	21
16	23	23	21	21	20	23	22	23	23	23	23	22
17	24	24	22	22	21	24	23	24	24	24	24	23

配种月的日期	配 种 月 份											
	1月	2月	3月	4月	5月	6月	7月	8月	9月	10月	11月	12月
	产 犊 月 份											
	10月	11月	12月	1月	2月	3月	4月	5月	6月	7月	8月	9月
18	25	25	23	23	22	25	24	25	25	25	25	24
19	26	26	24	24	23	26	25	26	26	26	26	25
20	27	27	25	25	24	27	26	27	27	27	27	26
21	28	28	26	26	25	28	27	28	28	28	28	27
22	29	29	27	27	26	29	28	29	29	29	29	28
23	30	30	28	28	27	30	29	30	30	30	30	29
24	31	12月1	29	29	28	31	30	31	7月1	31	31	30
25	11月1	2	30	30	3月1	4月1	5月1	6月1	2	8月1	9月1	10月1
26	2	3	31	31	2	2	2	2	3	2	2	2
27	3	4	1月1	2月1	3	3	3	3	4	3	3	3
28	4	5	2	2	4	4	4	4	5	4	4	4
29	5		3	3	5	5	5	5	6	5	5	5
30	6		4	4	6	6	6	6	7	6	6	6
31	7		5		7		7	7		7		7

* 本表平均妊娠期按 280 天计算,表内数字为预产日期

如 7 月 3 日配种,则为 4 月 9 日预产。如果在 1 月 23 日配种,则为 10 月 30 日预产。如果在 2 月 28 日配种,则为 12 月 5 日预产。预测大型肉用品种牛预产期,就应该多加 2～4 天。

(二)分娩预兆

为了掌握临产前的预兆,可注意以下 5 个方面。

1. **骨盆** 分娩前数天,骨盆部韧带变得松弛,荐骨后端松动。握住尾根作上下活动时,会明显感到尾根与荐骨容易上下移动,尾根部出现肌肉窝,呈塌陷状。

2. **外阴部** 分娩前数天,阴唇逐渐肿胀,皮肤皱纹平展,颜色微红,质地变软。阴道粘膜潮红,粘液由稠变稀,子宫塞

(栓)在临产前 0.5～1 个小时随粘液排出,吊在外面。临产时,尾根处尾巴频频高抬。

3.乳房 临产前 4～5 天可挤出少量清亮胶样液体,产前 2～3 天可挤出初乳,乳头基部红肿,乳头变粗,有的母牛有滴奶现象。

4.体温 在妊娠 8～9 个月时,体温上升到 39℃,但临产前下降 0.4℃～0.8℃。若有产房,每日测体温可以发现产期的到来。

5.行为 临产前母牛食欲下降,离群寻觅僻静场所,并且勤回头,有不断起卧动作。初产牛则更显得不安。

(三)助 产

分娩是母牛的正常生理过程,一般都很自然,没有什么困难。但是有时由于多种因素的影响,发生难产。如果没有人照顾,常常会发生母子伤亡事故,使生产受到影响。

临产时阴门处可见到羊膜囊外露,并随着囊内液体的增加而破裂,接着包裹胎儿外面的第二层羊膜囊再破裂,同时母牛阵痛努责加剧,可见到胎儿的两前肢伸出,随后是头、躯干和后肢。这是正常的顺产,一般说来助产者只要稍加帮助就可产出。

助产者要将指甲剪短磨光,并用 1.5% 来苏儿液消毒,再涂上润滑油。对顺产的只要随母牛努责握着胎儿的两前肢向外向下缓拉即可。如果破水后久待不见胎儿外露,或只露 1 条腿,有可能难产。助产者要将手伸入产道摸清情况,或将外露腿推进产道,并摆正胎位,才能使母牛继续用劲,随努责将胎儿拉出。如果是两后肢先出,那是倒生,更应尽快处理,以免胎儿脐带缠绕,造成窒息死亡。

幼犊产出后,先将口鼻周围粘液擦净,避免吸入肺部,然后再用干草擦净身上的粘液。

在离幼犊脐部 5~6 厘米处,1 只手用剪刀剪断脐带,之后用手捏住脐带近端(靠脐部处);另 1 只手的拇指与食指顺脐带向游离一端捋去血水,清理干净后,断端蘸上碘酊,防止发炎和发生破伤风等。

胎儿产出后要注意母牛胎衣的排出,检查是否完全排尽,排尽后用来苏儿液清洗外阴部及臀部周围,防止细菌感染。

六、母牛产科病

由于母牛繁殖率不高造成的损失是很大的,而繁殖率不高的重要原因之一,是产科病没有得到及时治疗。下面介绍几种常见产科病的治疗方法。

(一)子 宫 炎

子宫炎是母牛不妊的原因之一,通常是在分娩时由其他产科病引起的,也可由人工授精引起。

【症　状】　病牛一般全身反应不明显,阴道的排出物随病程而异。病轻时排出灰褐色的稀粘液,病较重时,排出浓稠的黄色或白色且具有恶臭的分泌物;病重则病牛呼吸加快,寒热发作,产奶量下降,未及时治疗,到后期排出棕色物或血污,病牛丧失食欲,躺卧不起。此时可能在 1~2 日内死亡或转为慢性,造成终生不育。

【治　疗】　病情较轻时可用土霉素粉 2 克或青霉素 200万单位,溶于 250 毫升蒸馏水中,冲洗子宫,隔日 1 次,直至分泌物清亮为止。对症状较重的用鲁格氏液(碘 25 克,碘化钾

50克,加蒸馏水溶解,最后加至500毫升)40~50毫升,配成0.2%的溶液,对子宫冲洗。有全身症状的可以补液。

这种病一般可在人工授精站治疗并及时输精,重者可请兽医站共同治疗。

(二)子 宫 脱

五六胎以后的奶牛,因运动不足、饲料质量不好等,都可造成子宫脱出。

【症　状】　一般在产后12个小时内出现子宫脱,阴门有袋状物脱出,初脱时子宫呈鲜红色到紫红色,胎盘清晰可见,脱出4~5个小时后会出现血肿和感染,引起继发性大出血和败血症。

【治　疗】　子宫脱要用整复法治疗。必要的操作都应由专人进行。步骤是清洗脱出物,对未脱落的胎衣,要先行剥离,再注射2%奴夫卡因,清洗外阴部。用明矾水溶液洗子宫,促使子宫粘膜收缩,对破损处涂抹5%的碘酊。有子宫穿孔的要缝合,然后再将子宫逐渐送回腹腔。为防止子宫内的感染,可用治疗子宫炎的办法灌药。必要时可做阴门缝合术,以防重新脱出,3~5天后拆除缝线。

子宫脱的预防在于专心护养,母牛要有产房,分娩后的母牛要有专人看护。及时发现,及早治疗。

(三)胎衣不下

胎衣不下,以年老而高产奶牛多发。一般产后10个小时胎衣仍不显露就称为胎衣不下。必须及时治疗,以免引起并发症。

【症　状】　产后10个小时阴门外无胎衣或只见小部分

胎衣,大部分胎衣滞留在盆腔。从阴道内流出恶臭物。开始时病牛的体温、精神都正常,但时间长了,如1天以后,体温上升,则精神委顿,食欲减退。

【治　疗】　牛有吃胎衣的现象。凡胎衣排出不多时要做阴道检查,证明体内已无胎衣时为止。病情重的可静脉注射葡萄糖液和钙补充液。为促使排净恶露可肌内注射麦角新碱20毫升。也可按子宫炎疗法向子宫内注入抗生素溶液。预防上,对一些很高产的经产奶牛可在临产前注射100单位垂体后叶素。

(四)不育症

牛的不育症常常不引起注意,其实它依然会给生产带来损失。常见的有以下两种。

1. **卵巢静止或萎缩**　这种牛没有什么病症,只是不发情,即使是春季或秋季对牛发情有利的季节也无发情表现。

要恢复正常的繁殖功能,可采用激素疗法。第一,肌内注射兽用绒毛膜促性腺激素,用量1 000～5 000单位,2天注射1次,一般2次后有效。第二,注射雌激素,如苯甲酸求偶二醇,用量20～25毫克;已烯雌酚,用量25～30毫克;二酚已烷,用量40～50毫克。

选其中之一使用。注射后第二或第三天要观察是否发情,但这一次发情反应并不能排卵,只是激活卵巢功能,下一个发情期才能配种。

以上这种情况在卵巢上没有卵泡发育,却常常可触摸到黄体,或永久黄体。因此,在使用激素治疗时辅以卵巢按摩有一定好处,但并不鼓励摘除黄体。

2. **卵泡囊肿**　奶牛常发生这种病,表现为性欲特别旺盛,常爬跨其他母牛,叫声像公牛,却屡配不孕。

对患病母牛要强制做牵遛运动,进行卵巢按摩与激素疗法。以下几种激素都可采用。

第一,肌内注射黄体酮,剂量是每次 50～100 毫克,隔日或每日 1 次,7～10 天见反应。

第二,肌内注射兽用促性腺激素 10 000 单位或静脉注射该激素 2 500～5 000 单位或囊肿腔内注射 5 000 单位。后者要有熟练的操作技术,一般要直肠把握。

第三,肌内注射促黄体素 100～200 单位。

以上方法用药 1 周后无效时再做第二次治疗,直至囊肿消失为止。

卵泡囊肿一般在人工授精站结合人工输精进行观察治疗。要进行直肠检查。有经验的配种员可以迅速区分卵泡囊肿与其他囊肿的差异,如黄体囊肿,其治疗方法是不同的。尽管牛的黄体囊肿发病机会要少一些,但依然存在,治疗上由配种站配合效果更好。以上均应建立病历,以备今后参考。

第五章 牛的消化特点和营养需要

一、牛的消化特点

牛是反刍动物,胃由 4 个部分组成,与单胃动物不同。它能合成单胃动物所不能生成的一些维生素和某些氨基酸,还能消化大量的粗料。其饲养方法也与单胃动物有所不同。

牛胃的 4 个部分分别是瘤胃、网胃(蜂巢胃)、瓣胃和皱胃

(真胃)。瘤胃和网胃由 1 个叫作蜂巢瘤胃壁的褶叠组织相连接,使采食入胃的食物可以在这两胃之间流通。

(一)瘤　胃

瘤胃是第一胃,它是整个胃中最大的部分,占胃总容量的80%左右。它的容量因体躯大小而异,成年牛在 151～228 升之间。它是饲料的贮存库,牛将吞咽的饲料先存入瘤胃。瘤胃中有无数的微生物,每毫升胃液中有细菌 400 亿～500 亿个之多,原虫数量也在几十万个以上。这些生物,利用粗料,通过其自身的繁殖,生成大量低价、便于牛利用的蛋白质,甚至将一些氮素转化成必需氨基酸,制成许多维生素,包括 B 族维生素。还能将纤维素和戊聚糖分解成乙酸、丙酸和丁酸,这些短链的脂肪酸通过胃壁吸收,为牛提供约 3/4 的能量。

反刍是牛吃食的特点。牛在瘤胃充满一定的食物后,开始倒沫,即反刍。反刍时饲料从瘤胃中倒上来,在口腔中咀嚼,再重新吞咽入瘤胃,由微生物进一步分解,消化。这使得牛能消化大量的粗料。

瘤胃消化功能有以下几个方面:①制造复合维生素 B;②利用劣质蛋白质;③将一定量的非蛋白氮转化成蛋白质;④消化大量的粗饲料。

瘤胃中有大量微生物参与消化过程。因此,如果微生物在瘤胃中能得到恰当培养,不仅能提高饲料报酬,还能保障牛的营养需要和体质健壮。

(二)网胃(蜂巢胃)

与瘤胃紧密相连,是异物(如铁丝、铁钉等)容易滞留的地方。这些异物,如果不是很锐利的话,在网胃中可以长期存在而无损于健康。网胃的主要功能之一,是贮存会引起其他组织严重损害的异物。但如果异物很锐利,就会造成致命的伤害。

(三)瓣　胃

是牛胃的第三个胃,它由很强的肌肉壁组成,其功能还未被完全弄清。一般认为它的主要功能是吸收饲料内的水分和挤压磨碎饲料。

(四)皱　胃

牛的皱胃也称真胃。它的功能与猪等单胃动物的胃相似,分泌消化蛋白质所必需的胃液,食物离开皱胃后就进入小肠。其后的消化过程与单胃动物相似。

二、反刍动物对营养物质的消化

(一)蛋　白　质

牛瘤胃中蛋白质的代谢,以氮素的形式出现,牛可利用非蛋白氮。氮的代谢在牛身上是极为复杂的。氮素的代谢过程见图 5-1。

蛋白质进入瘤胃后,根据其可溶度被分解成氨。低溶性蛋白质如鱼粉蛋白和血粉中的白蛋白绝大部分不会被溶解,而高溶性蛋白质,如酪蛋白几乎全部分解。微生物对于粗料和谷实蛋白质的降解作用处于以上两种蛋白质之间,即中等溶解度。现代的研究证明,有些可溶性蛋白质经过加工处理,可得到"保护",避免瘤胃微生物的降解,直接进入皱胃和小肠

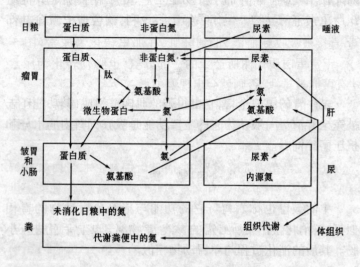

图 5-1 反刍动物体内的氮素代谢

消化,可提高饲养效果。如豆饼加热到 150℃后就可少受瘤胃的降解,酪蛋白与葵花籽油的复合处理也可以起到这种作用。

瘤胃微生物细胞主要是蛋白质构成的。因此,其氮素一般占瘤胃总氮素的 55%～75%。尽管某些反刍细菌要求氨基酸作为氮素源,但大多数瘤胃细菌只需要氨作为惟一的氮素源。在一般情况下,所有反刍动物都获得一定量的非蛋白氮,如玉米蛋白质有 4%的非蛋白氮,苜蓿蛋白质有 10%～20%非蛋白氮,玉米青贮蛋白质有 50%非蛋白氮。所以,即使不另加非蛋白氮,在天然的饲料中,牛也能获得非蛋白氮。但是,并非在任何时候瘤胃微生物都能充分利用非蛋白氮。非蛋白氮在瘤胃中必须变成氨后才能被微生物利用,再转变成蛋白质。有一部分蛋白质也是这样,先分解出氨,再由微生物利用后转变成蛋白质。如氨量过大,超过微生物利用的能力,不仅造成浪费,甚至引起氨中毒。未被瘤胃微生物利用的氨,直接被吸收到血液,带到肝脏,在那里转化为尿素(图5-1)。正常蛋白质代谢所产生的一部分氨,也必须转化为尿素才有可能被排泄,否则就会出现氨中毒。

肝脏内的尿素,一部分排出体外,另一部分则按上图循环,最终合成微生物蛋白质,被转化吸收,被吸收部分可占日粮总氮素的45%~80%。

氨不仅由蛋白质降解形成,而且由饲料中非蛋白氮分解形成。另外,唾液内还含有来自肝脏形成的尿素,同样能提供氨。这3种来源的氨促进微生物繁衍。如氨浓度超过瘤胃细菌利用的能力,就排出体外,显然造成浪费。根据威斯康星大学的研究,当日粮中粗蛋白质含量(以干物质为基础计算)增加至13%以上时,瘤胃中的氨量将迅速增加,100毫升胃液中的氨量超过5毫克,就超过了微生物的利用能力而浪费了。所以,当日粮中蛋白质含量较高时,只需补充很少量的非蛋白氮,甚至可以不补充。而当日粮中的蛋白质含量较低时,补充适量的非蛋白氮如尿素类,就能发挥更好的经济效益。

瘤胃中已形成的微生物体蛋白,通过下一段消化系统时,与其他优质蛋白质一样,被牛的肠道消化吸收。

(二)碳水化合物

碳水化合物的含量,对反刍动物是十分重要的。植物组织大约含75%的碳水化合物。大多数植物的干物质中纤维占20%~50%。对瘤胃微生物和牛来说,碳水化合物是第一位的能源。在植物体中,碳水化合物首先以多糖的形式出现,包括半纤维素、纤维素、果胶、果糖和淀粉等。纤维素的能量只有通过微生物的发酵才能为动物所用,其利用效率与牧草细胞壁中同纤维素共同存在的半纤维素、木质素与二氧化硅等含量有关。

在瘤胃中,微生物的碳水化合物代谢的主要最终产物是短链有机酸,其中有些是挥发性脂肪酸,它们是牛代谢的重要能源。因为大多数碳水化合物在瘤胃中都被发酵,只有少数糖分在肠道下段被吸收。

1. **纤维素** 瘤胃的最大活力是将纤维素分解成它的构成的基本单位。有许多酶参加纤维素的分解,这些酶主要来源于细菌,也可能有原虫参与这类酶的分泌。

2. **淀粉** 在瘤胃中淀粉的发酵作用不如小肠。因此,对葡萄糖的吸收作用也不像小肠那样迅速。瘤胃微生物对各种类型的淀粉利用效率各不相同。如玉米淀粉比马铃薯淀粉更容易降解;而马铃薯淀粉经过蒸煮后,比生喂容易消化。因此,许多欧洲国家饲喂马铃薯前,都先经过蒸煮处理。

给反刍动物饲喂高淀粉饲料时,要逐渐增加,使它慢慢适应。否则,动物将不适应胃酸的大量形成,乳酸和丙酸的比例都迅速提高,此时 pH 值下降,微生物的种群出现明显的变化,而不利于消化。

3. **糖** 葡萄糖、果糖和蔗糖在瘤胃中发酵产生乳酸、乙酸、丙酸和丁酸。麦芽糖、乳糖和半乳糖则发酵很慢。这些糖类发酵的快慢,取决于干草的质量,如干草质量好的,葡萄糖发酵就快,质量差的,葡萄糖发酵就慢。其他的多糖类,如木糖和戊糖类在牧草的干物质中约占 20%,它们在瘤胃中能很快地发酵而被消化。

(三)挥发性脂肪酸

各种挥发性脂肪酸的总浓度以及各自的浓度取决于日粮的组成。日粮中纤维性物质的纤维素和半纤维素,植物细胞中的糖和谷物中的淀粉及其副产品等,经瘤胃中微生物消化,转变为醋酸、丙酸和丁酸。当牛的日粮中粗料的比例很大时,醋酸的形成就占最大比例:3种酸中醋酸占 60%～70%、丙酸占15%～20%、丁酸占5%～15%。如果增加谷物的饲喂量或者将粗料磨细喂时,醋酸的形成量可能降到 40%,而丙酸的形成量则增加到 40%。磨细的粗料使发酵作用在一个较短的时间内变得很强,会使总酸浓度突然升高,超过了瘤胃的消化吸收能力,也造成浪费。过后又出现低酸阶段,这样的波动既不利于消化吸收,又造成损失。而脂肪酸只有在它波动最小的时候,从瘤胃中连续吸收的效果才最好。

碳水化合物变成挥发性脂肪酸过程中,形成的第一关键产物是葡萄糖,1个分子葡萄糖被瘤胃微生物转化为2个分子的丙酮酸。丙酮酸在瘤胃中可转化成任何一种挥发性脂肪酸。

当丙酮酸失去1个碳后便产生醋酸,或者是当1个丙酮酸得到氢后,便成丙酸,而后由2个醋酸分子结合而成丁酸。而丙酸、醋酸和丁酸都是瘤胃中的能源形式,丙酸是利用最完善的形式。这些挥发性脂肪酸的比例,因受基础日粮类型的影响而异,不能一概而论。在给牛喂高粗料日粮时,瘤胃中醋酸的形成占 70%,丙酸占 20%,丁酸占 10%;喂高精料日粮后,醋酸占 50%,丙酸占 40%,丁酸占 10%。

(四)矿物质和维生素

矿物质是动物有机体各部位都需要的物质,首先是骨骼、牙齿和母牛分泌的奶汁,特别需要矿物质。当日粮中矿物质含量很低时,动物的生长迟缓,损害健康,母牛产奶量下降。矿物质是在瘤胃中起重要作用的营养物质。一方面是瘤胃微生物需要矿物质;另一方面是瘤胃功能需要一定量的矿物质参与生理效应,例如瘤胃维持生理 pH 值,需要盐类的缓冲效应,保持渗透压的正常也需要盐类。

据许多研究证明,磷是瘤胃微生物的纤维素消化和细胞生长所必不可少的。美国特拉华州的研究者证明,瘤胃微生物对磷有选择性,认为牛饲喂脱氟磷盐或蒸制骨粉或磷酸二钙都是较好的,而粘质磷素则不好。有人认为,混合型磷制剂可能有更好的生产效益。

硫是正常瘤胃功能所必需的另一种元素,它的代谢与氮素的代谢非常接近。因为瘤胃微生物的作用,反刍动物有能力利用包括无机硫在内的各种形式的硫。在瘤胃硫素代谢中,几乎很少例外,2 价硫是中心代谢物质。硫在瘤胃微生物的促进下参与合成胱氨酸、半胱氨酸和蛋氨酸;如果硫的总量不足,总的蛋白质合成就减慢。除了瘤胃微生物本身的直接需要之外,一般可以认为日粮氮与日粮硫的比约为 10:1。

其他的矿物质还包括铁、铜、锰、碘、钴、镁、锌、钾和硒等的盐类,本书从略。

维生素,瘤胃微生物能合成 B 族维生素和维生素 K,这些维生素能满足牛的健康和生长的需要。因此,牛的饲料中一般不必补充 B 族维生素和维生素 K。

(五)水

牛的身体的 70%～80% 由水构成,奶中 87% 左右也是水。水在动物体内起着运输的作用,它将营养物送入血流,将废物带走,并起着控制体温的作用。母牛生产 1 升牛奶,约需要 3.5～5.5 升水。粗略地说,在平常气温下,每 100 千克体重要求每天供 10 升水,在热天可能每 100 千克体重饮水量增加到 12 升。

饲料中水分的多少和饲料类型也影响着水的消耗量,但总的说来牛对水分需要量与体重的大小呈正比,如果供水量不足将影响泌乳及增重。

第六章　牛的饲料加工

饲料的合理加工调制,能够扩大饲料来源,改善适口性,减少浪费,提高消化率。

一、谷实饲料的加工

谷实饲料的加工方法很多,不同的方法各有利弊,可因地制宜地选择采用。

(一)挤压法

是将谷物饲料压成小碎片。挤压机入口处装有锥状转子,干谷物进到入口处时被转子压碾成碎片,这些碎片又进一步被打成大小不同的小片。这样的小碎片表面是疏松的,但压紧后不成粉状,很容易消化。经试验,在粗料完全相同的情况下,每头牛每日喂以玉米青贮 8.6 千克,苜蓿干草 1.1 千克,干甜菜渣 0.45 千克,蛋白质补充料 0.32 千克。而精料分别是压片的和打碎的玉米。压片玉米组肉牛日增重达 1.29 千克,碾碎玉米组只有 1.22 千克,前者每千克增重需 8 个饲料单位,而碎玉米组则需 8.6 个饲料单位。在消化率上,碾压成片的玉米干物质消化率为 74%,碎玉米的干物质消化率为 71%,整粒玉米的则只有 65%;粗蛋白质消化率依次为 55%,52%,41%;粗纤维消化率依次为 23%,21%,17%。

(二)胶 化 法

将谷粒加热,用热空气软化,再用螺旋输送器送至膨化器圆孔。此孔的口径是入口处小,以后逐渐加大,到出口处最大,使软化的谷粒膨大。这种加工方法的关键是淀粉胶化的程度必须控制得当。在精料营养占日粮的 60% ~ 80% 时,胶化处理能使谷物的饲养价值提高 8% 以上。这是一种有效的加工办法。

(三)磨 碎 法

这是最古老的方法,它的好处是为均匀地搭配饲料提供方便。这里要特别提起注意的是,用高玉米日粮时,由于不用或极少用粗料,此时的玉米粒还是以不磨碎的为好。经屠宰证明,用高玉米日粮肥育的肉牛,喂没有磨碎的玉米,患瘤胃内膜炎的病例较少,而喂磨碎玉米的患此病的较多。其原因是未经磨过的玉米有硬而尖的顶端,能起到粗料的作用,满足瘤胃生理要求。另外,磨得过细对肉牛的适口性降低,反而减少牛的采食量,并无好处。

(四)微(波)化法

用红外线发生器产生微波,把谷粒加热到140℃,使谷粒内水分降低到7%左右,再在辊轴上压成片。这种方法的成本比蒸气(热空气)胶化法低,并比胶化法的胶化程度减少,有一定前途。

(五)湿 化 法

即用水将谷实拌湿。在养牛业上,将干玉米湿化,不如直接用尚未干燥的湿玉米做饲料效果好。实验证明,湿度为23%～27%的玉米可提高饲料价值7%,湿度为27%～35%的可提高5%。因此,湿玉米粒是肉牛的好饲料,这在玉米不能充分成熟的地区,可利用湿玉米直接喂牛,能少消耗干物质6.9%,即单位增重可少用6.9%的精料。这种喂法除适用于玉米外,大麦也可以,高粱则不完全适用。

(六)颗粒化法

牛用颗粒饲料曾风行一时,这对提高低质量饲料的适口性,增加采食量有作用,但它不一定能抵消加工所消耗的能量,我国并未推广。民间的"勤添细喂"易于推广和接受。

(七)烘 烤 法

养牛业上采用烘烤法加工谷粒饲料已有数十年历史。多年的试验证明,谷物在烘烤后喂牛可以提高增重,节省饲料(表6-1)。

表 6-1　烘烤玉米和生玉米喂牛效果对比

批次	处理	头数	始重(千克)	天数	日增重(千克)	增加(%)	每日消耗玉米(千克)	每千克增重耗料(千克)
一	生	91	231	112	1.058	—	5.4	4.64
	烤	91	233	112	1.207	+14	5.6	5.10
二	生	75	250	127	1.058	—	6.85	6.47
	烤	75	250	127	1.121	+6	6.13	5.47
三	生	27	238	189	0.99	—	6.90	6.96
	烤	28	238	189	1.09	+10	6.36	5.83

烘烤一般要求有专门的机器,温度为 135℃～145℃,烤好的玉米一般具有果香味,单位重量减少水分 5%～9%。牛比较喜好这种饲料,饲料报酬比较高,而且用烘烤饲料喂出的肉牛胴体质量较高。

此外,高水分的,尤其是有发霉趋势的玉米用此法加工,比较有实用价值。

(八)蒸煮后碾压法

这是玉米蒸煮后压成片状的方法。玉米在 100℃的水中煮 12 分钟,水分达到 18%,在此温度下保持 14 分钟,水分可增到 20%;捞出通过辊轴压成 1 毫米厚的薄片;再将薄片迅速制干,使水分降到 15%以下。这种方法加工的精料,喂牛有较好的增重效果。它比颗粒料喂牛增重高 5%,比磨碎或压碎的高 10%～15%。用这种方法加工的高粱,也能提高增重速度和采食量,但饲料报酬没有提高。用这种方法加工大麦的效果与高粱相似。

薄片的厚度对肥育效果的影响见表6-2。

表6-2　玉米蒸煮后压片厚度和粗磨喂牛效果对比

项　　目	<0.1厘米	0.2厘米	粗磨0.6厘米筛
牛　数	14	14	14
始重(千克)	220	219	222
163天平均日增重(千克)	1.28	1.23	1.20
每日饲玉米(千克)	5.60	5.76	5.81
相同增重量耗料(千克)	6.10	6.70	6.90

二、粗料的加工

粗料在这里主要指农作物的秸秆。粗料加工是否有价值,取决于能否提高营养价值,因粗料本身的价格往往不高,如果对营养价值没有改进,加工就无实用意义。

(一)铡短和粉碎

无论是麦秸还是玉米秸,粉碎后直接喂牛没有实用意义,配制颗粒饲料时才可取。玉米穗轴磨碎加工很有价值,在营养上相当于中等质量的干草。

铡短和切碎是加工秸秆的好办法,可缩短牛的采食时间,便于牛的咀嚼,使茎秆不被浪费。否则,像玉米秸,只能利用叶,不能利用秆。将玉米秸切成2~3厘米长为好,碾压后再铡短,喂牛效果更好。

(二)水　浸

水浸是处理麦秸的好办法。一般麦秸在打场后有大量尘土,适口性差。经过淘洗,可提高牛的采食量。

(三)化学处理

粗料的化学处理是提高消化率的有效方法。这类方法很多,我国目前推广的有以下几种。

1. **碱化处理** 用苛性钠(氢氧化钠)溶液处理麦秸,能破坏细胞壁,将木质素转化成易于消化的羟基木质素。碱化时先将秸秆铡短到 6~7 厘米,用 1%~2% 的氢氧化钠液均匀地喷洒在秸秆上,使之湿润。一般可按 100 千克麦秸喷 6 升 1%~2% 氢氧化钠液计算。喷过拌匀后堆放 6~7 个小时。为安全起见,碱化麦秸可在清水中淘 1 遍,捞出后即可喂用。处理之后的秸秆营养价值可提高 1 倍。

2. **氨化处理** 国内目前饲喂氨化麦秸的越来越多。氨化处理的原理基本上同碱化法。每 100 千克秸秆加 12 升 20%~25% 的氨液,拌匀后在池内密封 1 周,寒冷天气要延长到 15 天。喂前要先打开晾 1 天。这种处理法可使麦秸的粗蛋白质含量从 4% 增加到 12%。对肉牛有很好的肥育效果,对犊牛的增重也好,对奶牛补充蛋白质很有效。但是奶牛日粮的粗蛋白质含量已很高(如 12%~16%)时,补喂的效果就不怎么好,不过可提高干物质的消化率,也是有益的(表 6-3,表 6-4)。

表 6-3　氨化麦秸成分的变化

饲料名称	水　分 (%)	粗蛋白质 (%)	游离氨 (%)
氨化麦秸	8.1	12.2	0.565
麦　　秸	7.0	3.9	0.036

表 6-4　氨化全麦秸日粮饲喂犊牛的比较

组　别	头　数	总采食量 （千克）	比　较 （%）	平均日增重 （克）	比　较 （%）
氨化组	3	645	122	216.7	1184.2
对照组	3	529	100	18.3	100

3. 尿素处理　国内将尿素处理也称氨化。一般用 3% ~ 5% 的尿素液喷入麦秸或玉米秸中，用塑料布盖严。每 100 千克秸秆用尿素液 60 升。或将拌有尿素液的秸秆每袋 200 千克装入塑料袋内，在 20℃ 左右的气温下存放 15 天后即可使用。有的为使尿素释放出足量的氨，要放 40 天左右，这可使消化率提高到 65% 以上。尿素比例高时，存放的时间可以长一些。

密封是氨化法的关键措施。如密封不好，秸秆很容易霉烂变质，这样损失较大。

4. 石灰水处理　用石灰水处理简便可行，很多地区可以使用。取生石灰 3 千克，配成 200 升石灰液，用它浸泡 100 千克秸秆，24 个小时后即可喂牛。有时为了提高适口性，可在石灰液中加入 0.5 ~ 1 千克食盐。用熟石灰 4 千克配制成 200 ~ 250 升石灰液，也有同样的效果。

在华北地区农村用麦秸喂犊牛，平均日增重保持 18.3 克，比以往秋肥冬瘦春死亡的情况已经好多了。但是麦秸中含粗蛋白质太少，据笔者在河南省扶沟县调查，日粮中蛋白质只达到 4.7%。因此，加氨或其他加工方法，对提高营养水平有明显作用，平均日增重可达 216.7 克，对连续肥育起到了积极作用。

三、青干草的调制

牧草是养牛的基本饲料。肉用母牛和犊牛一般不提供直接的产品,而是提供肉牛的基础畜群。充分利用牧草资源和它的天然生长条件,少用或不用精料,降低饲喂成本,养好母牛和犊牛,是肉牛业能提供大量畜产品的首要条件。同时,牧草的质和量直接影响着牛奶产量和质量。

但冬、春季节青草较缺乏,特别是北方地区更为突出,所以,青干草的调制就显得更为重要。国外许多畜牧业发达的国家十分重视青干草生产,绝大多数国家采用人工干燥方法来调制和贮备青干草,成为发展养牛业的重要措施之一。

(一)青干草的特点

1. **养分保存好** 品质优良的青干草,色绿芳香,富含胡萝卜素,保留较多的叶片,质地柔软。据研究,人工干燥法制成的青干草,可保存 90% ~ 93% 的养分,营养价值高,可提供一定的净能,满足肉牛的营养需要。

2. **适口性好,消化率高** 优质青干草经合理贮藏、堆积发酵后发出芳香味,适口性好,牛爱吃。

3. **使用方便** 良好的青干草管理得当可贮藏多年。特别是我国北方地区,冬、春枯草期长,气候寒冷,作物生长期短,青绿饲料生产受到限制。而青干草可常年使用,取用方便,营养保存较完善。

(二)调制原理

调制干草的目的就是要迅速排除青草中的水分,抑制植物的酶活性和呼吸作用以及微生物的生长繁殖,以保持饲料的营养价值,防止饲料腐烂霉变。堆贮的干草要求含水量14%～17%,超过17%容易变质。青草在自然条件下干燥时,所发生的生物化学变化可分为以下两个阶段。

1. **植物饥饿代谢阶段** 刈割后的青草,细胞尚未死亡,仍进行着呼吸作用,当水分减少到40%～50%时,呼吸作用停止。植物细胞进行呼吸作用时,可使植物体内一部分可溶性碳水化合物被消耗,同时蛋白质水解产生氨化物。这个阶段因受温度、湿度的影响,使水分蒸腾的时间长短不一。干燥得愈快,呼吸作用停止得愈早,有机物损失则愈少。

2. **植物成分分解阶段** 此时植物细胞已经死亡,植物表面水分继续蒸发,植物所含的胡萝卜素和叶绿素被破坏,植物组织内尚有部分氧化酶继续活动,使营养物质分解。同时,微生物的活动也分解部分养分。因此,在这一阶段,植物水分降到14%～17%的速度越快,营养物质分解就越少。

青绿饲料在饥饿代谢和成分分解阶段,有一部分养分受到损失。此外,机械作用、阳光照射等也能损失一部分养分。在调制和保藏过程中,由于搂草、翻草、搬运、堆垛等一系列机械操作,使得部分细枝嫩叶破碎脱落,一般叶片损失20%～30%,嫩枝损失6%～10%。豆科牧草的茎较粗壮,干燥不均匀,叶片损失比禾本科严重。所以,因叶片脱落而造成的养分损失比例,远比重量损失的比例大得多。例如,苜蓿叶片损失占全重的12%时,其蛋白质的损失量可能占总量的40%。机械作用造成的养分损失量不仅与植物种类有关,而且与晒草技术有关。试验证明,刈割后立即小堆干燥,干物质损失仅占1%,以草垄干燥损失占4%～6%,平铺法晒草的干物质损失可达10%～40%。阳光直射使植物体内的胡萝卜素、叶绿素遭受破坏,维生素 C 也损失许多,但维生素 D 明显增加。这是由于植物体内的麦角固醇经阳光照射,转变为维生素 D 的结果。

刈割牧草如果受到雨水淋湿,会使组织内的易溶性化合物,如矿物质、水溶性糖和部分蛋白质严重损失。淋湿可使无机物损失 67%,其中磷损失达 30%,碳酸钠损失 65%,这些损失主要发生在叶片上。

(三)调制方法

1. 自然干燥法 该法不需要特殊的设备,尽管在很大程度上受天气条件的限制,但仍为我国目前采用的主要干燥方法。自然干燥又可分为地面干燥法和草架干燥法。

(1)地面干燥法 牧草在刈割以后,先就地干燥 6～7 个小时,使之凋萎,当含水量降至 40%～50%时,用搂草机搂成草条继续干燥 4～5 个小时,并根据气候条件和牧草的含水量进行草条的翻晒,使牧草水分降到 35%～40%,此时牧草的叶片尚未脱落,用集草器集成 0.5～1 米高的草堆,经 1.5～2 天就可调制成干草(含水量 15%～18%)。牧草全株的总含水量在 35%～40%时,牧草的叶片开始脱落。因此,为了保存营养价值较高的叶片,搂草和集草作业应该在牧草水分不低于 35%～40%时进行。在干旱地区调制干草时,由于气温较高,空气干燥,牧草的刈割与搂成草条可同时进行。

(2)草架干燥法 在牧草收割时若遇到多雨或潮湿天气,用地面干燥法调制干草不易成功,可以在干草架上进行干草调制。干草架有独木架、三角架、铁丝长架等。方法是将刈割后的牧草在地面干燥半天或 1 天后放在草架上,遇雨时也可以立即上架。干燥时将牧草自上而下地置于干草架,并有一定的斜度以利于采光和排水。最低一层的牧草应高出地面，以利通风。草架干燥虽花费一定人力、物力，但制成的干草品质较好，养分损失比地面干燥减少 5% ~ 10%。

2. 人工干燥法　这种方法在近 60 ~ 70 年来发展迅速，利用人工干燥可以减少牧草自然干燥过程中营养物质的损失，使牧草保持较高的营养价值。人工干燥方法主要有常温鼓风干燥法和高温快速干燥法。

(1)常温鼓风干燥法　这种方法可以用于水分较高牧草的干燥。在堆贮场和干草棚中均安装常温鼓风机，经堆垛后，通过草堆中设置的通风机强制吹入空气，达到干燥。

(2)高温快速干燥法　将牧草切碎，置于牧草烘干机内，通过高温空气，使牧草迅速干燥，干燥时间的长短，由烘干机的型号决定。有的烘干机入口温度为 75℃ ~ 260℃，出口温度为 60℃ ~ 260℃。虽然烘干机中温度很高，但牧草的温度很少超过 30℃ ~ 35℃。用这种方法干燥饲草，养分损失很小，如早期刈割的紫花苜蓿制成的干草粉含粗蛋白质 20%，每千克含 200 ~ 400 毫克胡萝卜素和 24% 以下的纤维素。

此外，利用压扁机压裂草茎和施用干燥剂都可加速牧草的干燥，降低牧草干燥过程中营养物质的损失。常用的牧草压扁机有圆筒形和波齿形。常用的化学干燥剂有碳酸钾、长链脂肪酸甲基酯等。通过喷洒豆科牧草，破坏其茎表面的蜡质层，促进牧草水分散失，缩短干燥时间，提高蛋白质含量和干物质产量。

牧草在草条上干燥到一定程度后可用打捆机进行打捆，减少牧草所占的体积和运输过程中的损失，便于运输和贮存，并能保持干草的芳香气味和色泽。根据打捆机的种类不同，可分成方形捆和圆形捆。方形草捆通过不同型号打捆机，可以打成长方形小捆和大捆。小捆易于搬运,重量在 14~68 千克,而长方形大捆重 0.82~0.91 吨,需要重型装卸器或铲车来装卸。圆柱形草捆由大圆柱形打捆机打成 600~800 千克重的大圆形草捆,大草捆长 1~1.7 米,直径 1~1.8 米。圆柱形草捆在田间存放时有利于雨水流出,并可抵御不良气候侵害,能在田间存放较长时间。圆柱形单捆可以存放在排水良好的地方,成行排列,使空气易于流通,但不宜堆放过高(不超过 3 个草捆高度),以免遇雨造成损失。圆柱形草捆可在田间饲喂,也可运往圈舍饲喂。

用捡拾打捆机打捆,可以代替集草工作。为保证干草质量,在捡拾打捆时必须掌握牧草的适宜含水量。为了防止贮藏时发霉变质,一般应在牧草含水量 15%~20% 时进行打捆,如果喷入防腐剂丙酸,打捆时牧草的含水量高达 30%,这样可有效地防止叶和花序等柔嫩部分被折断造成的机械损失。

(四)青干草的贮藏

干燥适度的干草,必须尽快采取科学合理的方法进行贮藏,以减少营养物质的损失和其他浪费。如果贮存不当,会造成干草的发霉变质,降低其饲用价值,完全失去干草调制的目的,而且还会引起火灾。

1. **散干草的堆藏** 当调制的干草水分含量达 15%~18% 时即可贮藏。干草体积大,多采用露天堆垛的贮藏方法,垛成圆形或长方形草垛,草垛大小视干草量的多少而定。堆垛时应选择干燥地方,草垛下层用树干、秸秆等垫底,厚度不少于 25 厘米,避免干草与地面接触,并在草垛周围挖排水沟。垛草时要一层一层地进行,并要压紧各层,特别是草垛的中部和顶部。

散干草的堆藏虽经济，但易遭日晒、雨淋、风吹等不良因素的影响，不仅使其营养成分损失，还可能发生干草霉烂变质。据试验，干草露天堆放，营养物质损失高者达 23% ~ 30%，胡萝卜素损失达 30% 以上。干草垛贮藏 1 年后，草垛周围变质损失的干草厚度为 10 厘米，垛顶厚为 25 厘米，基部厚为 50 厘米，其中以侧面损失最小。因此，适当增加草垛高度可减少干草堆藏中的损失。

2. **干草捆的贮藏** 干草捆体积小，便于运输与贮藏。干草捆的贮藏可以露天堆垛或贮存在草棚中，草垛大小以草量大小而定。

调制的干草，除在露天堆垛贮存外，还可以贮藏在专用的仓库或干草棚内。简单的干草棚只设支柱和顶棚，四周无墙，成本低。干草在草棚中贮存损失小，营养物质损失在 1% ~ 2%，胡萝卜素损失在 18% ~ 19%。干草应贮存在畜舍附近，便于取运。规模较大的贮草场应设在交通方便、平坦干燥、离居民区较远的地方。贮草场周围应设置围栏或围墙。

（五）品质鉴定

干草品质的好坏，应根据干草的营养成分来评定，即通过测定干草中水分、干物质、粗蛋白质、粗脂肪、粗纤维、无氮浸出物、粗灰分、维生素和矿物质含量以及各种营养物质消化率，来评价干草的品质。但在生产实践中，由于条件的限制，往往采用感官方法，对干草进行品质鉴定和分级。

1. **颜色与气味** 干草的颜色是反映品质优劣最明显的标志。优质干草呈绿色，绿色越深，其营养物质损失就越小，所含可溶性营养物质、胡萝卜素及其他维生素越多，品质就越好。适时刈制的干草都具有浓厚的芳香气味。如果干草有霉味或焦灼的气味,其品质不佳。

2. **叶片含量** 干草中叶片的营养价值较高,所含的矿物质、蛋白质比茎秆中多 1~1.5 倍,胡萝卜素多 10~15 倍,纤维素少 50%~70%,消化率高达 40%。干草中的叶量多,品质就好,鉴定时取 1 束干草,看叶量的多少,就可确定干草品质的好坏。禾本科牧草的叶片不易脱落,优质豆科牧草的干草中,叶片应占干草总重量的 50% 以上。

3. **牧草发育时期** 适时刈割调制是影响干草品质的重要因素。初花期或初花以前刈割,干草中含有花蕾,未结实花序的枝条较多,叶量也多,茎秆质地柔软,适口性好,品质佳。若刈割过迟,干草中叶量少,带有成熟或未成熟的枝条量多,茎秆坚硬,适口性、消化率都下降,品质变劣。

4. **牧草组分** 干草中各种牧草占的比例也是影响干草品质的重要因素,豆科牧草占比例大则品质较好,杂草数量多时,品质较差。

5. **含水量** 干草的含水量应为 15%~18%,含水量较高时不宜贮藏。将干草束握紧或搓揉时无干裂声,干草拧成草辫松开时干草束散开缓慢,并且不完全散开,用手指弯曲茎上部不易折断时,水分含量适宜。干草束紧握时发出破裂声,草辫松手后迅速散开,茎易折断,说明太干燥,易造成机械损伤,草质较差。草质柔软,草辫松开后不散开,说明含水量高,易造成草垛发热或发霉,草质较差。

四、青贮的制作

(一)制作青贮的重要意义

青贮的目的是将饲草快速、干净地贮存起来,减少一切可能的损失。用青贮的方法保存粗饲料要比制干草的方法效果好。因此,青贮是成本低、效益好的粗饲料加工方法。

据瑞典农业大学研究,以田间割下的作物的营养价值作为全价来计算,青贮后可以保存住 83%,而品质极其良好的干草,充其量也只能保住 80%,质量次的只能保住 63%。如果按饲料价值来计算,青贮能保住 83% 的话,最好的干草也超不过 70%,差的干草就连 50% 的饲料价值也保不住,可见,两者间的差别是悬殊的。青贮法还可以减少叶片脱落、曝晒时间过长和雨淋所造成的损失等。用青玉米做青贮,还可以节省干燥玉米的成本,收割的时间也容易调节。因此,青贮比其他粗料调制方法可保住更多的营养成分(图 6-1)。

青贮在窖内成熟过程中,一些原来粗硬的秸秆,诸如玉米秸、高粱秆、禾草秸、芦苇秆等,可以变软;轻度的酸味能提高家畜的食欲。

在农村推广青贮的结果表明,修建青贮窖不需投入大量的劳力,即使建永久性青贮窖,也只需砖、石结构,加上水泥封面,投入的资金也不会很多。因此,修建青贮窖是投入少、利用率高的保存粗饲料较理想的措施。

(二)青贮的发酵过程

青贮是通过细菌的作用大量产生乳酸,从而增加了可消

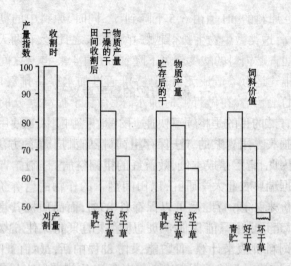

图 6-1　青贮与干燥保存后干物质含量和饲料价值比较

化营养物,延长营养物的保存时间,提高了饲料的饲喂价值。青贮原料的含糖量、含水量、切铡长度和制作过程排除空气的程度,是影响制作质量的重要因素。因此,要使青贮通过细菌的作用,迅速地产生足量的乳酸,抑制其他有害菌种生长活动,其中最关键的因素有两点:①青贮原料要有足量的糖分;②青贮中保证排除空气。这样,乳酸菌才能旺盛地繁衍,保证青贮饲料制作的成功。

　　收割后的青贮原料中有大量的好氧微生物,在贮存过程中,它会使青贮过度发热以至腐败。青贮的制作过程和窖的设计都应尽量有利于抑制好氧微生物的活动,这样才能制作出好青贮饲料。

　　任何青贮法在原料刚入封后,贮器内都必然会有残留的空气。在制作得法的入封青贮料中,氧气很快耗尽,厌气微生物迅速繁衍,青贮饲料的发酵就进入正常的过程。厌气发酵使窖贮原料的 pH 值由 6.5 下降到 5。同时,原料中的糖类含量越高,这类微生物生长得越好。自贮入之日起,有两天左右的时间青贮饲料的酸度就可下降到 pH 值 4.4~4.2 之间。

排气是为了造成无氧条件,可通过加水提高排气成效。过干的玉米秸,在做青贮时加水,既有利于提高糖分的溶解度,也有利于糖分均匀分配,加速发酵。我国因大量使用收籽后的玉米秸秆做青贮,对这种青贮原料加水是提高青贮成功率的有效手段。将青贮原料压紧能排除空气,是制作青贮最主要的技术措施。

糖类和淀粉含量高的青贮饲料中,乳酸的产量高,这是乳酸菌大量繁殖抑制了其他非理想微生物生长的结果。如果青贮中缺糖,则发酵不良,使乳酸发酵过程中断,pH 值升高,损失增加。在乳酸含量的主导下,青贮中 pH 值的变化成了青贮饲料质量和贮藏时间的指标。我国推广青贮早的地方,如东北和华北地区,有不少青贮饲料三四年后起窖,依然保持优良质量的实例。一般来说,糖分含量超过 6% 的原料可以制成优质青贮,而含糖量低于 2% 的原料则制不成优质的青贮饲料。

(三)青贮原料的选择和处理

1. **原料品种**　根据各种饲用作物所含蛋白质、碳水化合物和脂肪类物质的比例,以及营养物质中所含的各类化学物质的不同,各类作物的青贮成功率是不同的。一般的规律是豆科牧草含蛋白质量高,比较难以青贮;而禾本科牧草和作物含碳水化合物量高,青贮易于成功。

各种青贮的原料因生长期和成分的不同,要成功地制作青贮,需要有一个最低的含糖量(%)。如果原料中实际含糖量高于青贮最低含糖要求,这种原料就属于易贮藏类型;低于最低含糖要求的就属于难贮藏类型(表6-5)。

表6-5　各种饲用作物青贮含糖需要量和贮存难度

饲料类别	生长期	最低需要 (%)	实际含量 (%)	相　差	难　度
玉米全株	乳熟期	1.49	4.35	+ 2.86	易
玉米全株	蜡熟期	1.09	2.41	+ 1.32	易
高　粱	乳熟期	0.95	3.13	+ 2.18	易
燕　麦		2.03	3.58	+ 1.55	易
燕麦 + 毛苕子	开花期	2.0	2.0	0	易
红三叶再生草	开花期	1.37	1.90	+ 0.53	易
红三叶再生草	营养期	0.94	1.44	+ 0.50	易
蚕　豆	荚成熟期	1.49	4.35	+ 2.86	易
豌　豆	开花期	1.62	1.93	+ 0.31	易
紫花豌豆		1.26	1.47	+ 0.21	易
向日葵	开花期	2.75 ~ 2.77	4.07 ~ 4.65	+ 1.32 ~ 1.88	易
甘　蓝		0.63	3.36	+ 2.73	易
菊　芋		1.01	4.77	+ 3.76	易
饲用甜菜		1.35	3.09	+ 1.74	易
胡萝卜		0.67	3.32	+ 2.65	易
油菜茎叶		1.39	5.35	+ 3.96	易
油菜再生草		1.73	2.82	+ 1.09	易
毛苕子		2.0	1.41	− 0.59	难
白花草木犀		3.09	2.17	− 0.92	难
苜　蓿		9.50	3.72	− 5.78	难
苋　菜		1.85	1.44	− 0.41	难

饲料类别	生长期	最低需要（%）	实际含量（%）	相 差	难 度
野甘蓝		1.80	1.60	−0.20	难
马铃薯茎叶	开花前	1.30	0.77	−0.53	难
马铃薯茎叶	开花后	2.12	1.46	−0.66	难
饲用粟	蜡熟期	1.36	1.77	−0.41	难
直立蒿	花蕾	1.36	1.31	−0.05	难
伏地肤	开花	1.17	0.90	−0.27	难
南瓜蔓		5.50	0.50	−5.00	不能
甜瓜蔓		6.49	2.30	−4.19	不能
西瓜蔓		5.51	2.21	−3.30	不能
番茄茎叶		1.50	1.20	−0.30	不能
稗 草	开花	2.31	0.31	−2.00	不能
水 蓼	开花	1.72	0.37	−1.30	不能

表 6-5 中的苜蓿，原来也属于不能制作青贮的原料，自从制成半干青贮后，已用苜蓿青贮为养牛业提供了大量的优质饲料。其他一些饲用作物及其茎蔓，也有可能用半干青贮等办法保存，但因蛋白质含量较少，所以使用不多而已。干旱年度笔者曾在山西太行山区用马铃薯茎叶制作青贮成功。表中的毛苕子是难以青贮的，如果用易于青贮的饲草与之混合，如燕麦加毛苕子，可增加贮存的成功率。易于青贮和难以青贮的原料之间，以 2:1 或 1:1 配合，可以提高成功率。这种比例可以参照表 6-5 上的含糖需要量加以调整。

2. 追肥对青贮作物的影响　追施肥料，尤其是氮肥，对青贮作物的增产是十分有效的。但当肥效未发挥完以前就割来当青贮原料,受肥作物的含糖量较低,这是有些青贮应该制作成功,而结果不理想的原因之一。为了使青贮有良好的发酵过程,施肥后间隔一定时间才能割青入窖。施肥牧草的刈割时间,大致以每天每公顷消耗 2.5 千克氮素用于生长需要为参数,依此算出氮素耗尽的日数,安排收割日期。

3. 生长期和刈割时间 牧草老化,尤其在穗熟以后,营养价值就下降了。试验表明,牧草抽穗后结籽前是收割青贮的好时刻。玉米是最好的青贮原料,玉米植株入窖的最好时机是乳熟至蜡熟期。目前,我国有专用的青贮玉米品种,茎秆产量高,含糖多,在生产上有良好的效果。但目前广大农区较多的是用去穗后的玉米秸秆,有的还带着多片青绿叶子,这些秸秆都应该贮藏得越早越好。如果玉米秆全部枯黄,也能贮存,称作黄贮,营养成分就很低了。加上雨淋日晒,秸秆风干,茎部中空,甚至发霉,这种黄贮也不难做成,但操作必须十分严格,其中入窖压紧是关键。

刈割牧草的季节是影响发酵的重要因素。因为秋天的牧草内含糖分比较少,在草籽成熟以后,做青贮就比较难了。而玉米茎叶中的含糖量足够供正常发酵之用,不存在青贮难的问题。

4. 凋萎 凋萎在青贮制作中很重要。通过对凋萎作物的认识,发现并创造了新的青贮类型——半干青贮。用这个原理做苜蓿的半干青贮,使豆科牧草的保存变得相当容易了。自 20 世纪 60 年代初期半干青贮问世以来,欧美各国已广泛采用,成为他们主要制作青贮饲料的方法,并取得了极好的饲养效果。

凋萎能增加原料中糖分的含量,减少汁液渗出,使不良细菌的活动减弱;同时,由于其体积、重量的缩小,能加速运输及装窖操作过程,降低成本。

利用凋萎的原料做青贮,渗出的汁液少,这意味着原料中干物质含量高。用渗出汁液多的原料来制青贮是不理想的。我们希望青贮原料含有 25%~30% 的干物质,这是一个重要的技术指标。在田间或青贮前,决定是否可以入贮,在没有仪器的情况下,比较简单而又有效的办法是用手捏。即抓一把打碎的青贮原料,用力捏,不见出水而只是湿手为适宜湿度。

凋萎被认为要增加田间损失的。其实将青贮原料割倒后,第一天的损失不会超过 5%,第二天累计不超过 10%,第三天累计不超过 12%。即使遇到下雨天,只要不是连绵阴雨,青料割倒后晾晒 1 天,干物质大体可达到 25%,渗出的汁液不会很多,利多弊少。

5. 切铡长短和碾压 青贮原料的切铡,在机具条件许可的情况下,最好在田间进行。它的好处是运输车能装下更多的原料,从而加快了青贮填窖速度。在田间农机具还不够先进时,就可将青贮原料在窖边切短。切短可增加原汁液渗出机会(这种渗出液是含糖量高的汁液),使糖分分布均匀,这是优质发酵的重要条件;易于装填紧密,有利于排除空气,这对青贮去穗玉米秸秆时尤为重要。装填严实的青贮料内植物细胞呼吸作用停止得早,乳酸形成快。

青贮原料切短的长度因粗料的种类而异。如牧草因茎秆细,易于压紧,可切成 7~8 厘米长,而玉米、高粱这类较粗硬秸秆则应切短到 1.5~2 厘米长。

青贮原料无论是牧草还是作物秸秆,经过碾压,最好是撕碎,可以保证青贮质量。好的青贮切碎机皆安装有碾压和撕碎的机件,这对加工青贮原料具有重要的意义。如玉米秸多节,节硬而中空,是霉烂的发生点,被撕开和碾压之后,变软压实,不但可以保证青贮质量,而且这部分秸秆也不会浪费。做黄贮时,碾压的作用就更大了。

6. 添加剂的使用 使添加剂是青贮技术中重要的一项。它的种类很多,作用各异。①加糖蜜,以增加糖分,加快有益发酵过程。②加酸,如加稀硫酸,以加速酸化。③加有害菌种的抑制剂,如甲酸。④加所有菌种的抑制剂,如甲醛。⑤提供有效细菌来源,如接种乳酸菌等。

总的来说,它可以分成 3 大类,即营养添加剂、防腐剂和有害微生物抑制剂或酵素制剂。

(1)营养添加剂 使用营养添加剂的目的,主要是提高青贮饲料的蛋白质和矿物质的含量。在制作青贮时,将尿素或氨加入玉米饲料中,可提高玉米青贮的粗蛋白质含量,同时可保护部分玉米蛋白质不受微生物活动的破坏。这类添加剂可缓冲酸碱度,使青贮在发酵过程中产生更多的酸。

(2)尿素 瘤胃中寄生的微生物具有利用一定量的尿素合成高质量氨基酸的能力。所以,青贮中添加一些尿素可以作为粗蛋白质的来源。入贮时加入尿素,对青贮的发酵过程虽然有一定的影响,但也不会太大。加尿素的条件是,青贮料中含水量大体为 60% 左右,如在每吨切好的粗料中加 4.5 千克尿素,相当于增加 12.7 千克粗蛋白质,1 吨干物质含量40%的全株玉米约含 26 千克粗蛋白质,加上尿素中得来的量,合计可含 38.7 千克粗蛋白质。按干物质计算(即以 100%干物质作计算基数),即含 9% ~ 11%的粗蛋白质。粗略地说,青贮的粗蛋白质含量可从原来的 2.6%增加到 3.9%左右,即粗蛋白质含量增加 50%。这对满足牛的泌乳或产肉所需的总蛋白质量提供了一定的保证。

(3)石粉 保证青贮质量的重要原则之一,是形成能抑制真菌生长活动的有机酸。全株玉米青贮的 pH 值要求是3.8~4;如果起始酸度由添加的碱性物质石粉来中和,达到理想酸度的过程是比较有保证的。每吨玉米青贮中加石粉的量为4~8千克,使含钙量增加到 0.4%左右,并能提高有益酸类在青贮中的含量。美国俄亥俄州试验站对添加石粉的研究结果见表6-6。

表6-6 青贮添加石粉对有机酸形成的影响

青贮组别和处理	pH 值	水分(%)	乙酸(%)	乳酸(%)
1. 对　照	3.8	69.3	1.24	6.38
1. 加石粉1%	4.3	71.1	2.56	8.13
2. 对　照	3.9	68.5	1.44	5.86
2. 加石粉和尿素各0.5%	4.5	66.6	1.83	10.42
3. 对　照	—	65.5	1.41	7.58
3. 重复加石粉和尿素各0.5%	—	64.5	2.14	10.32

添加石粉可明显地提高 pH 值,使酸度下降,并使营养成效好的乙酸和乳酸的比例都有增加。添加石粉和尿素,除上述效果外,还可使青贮原料的水分略有降低。

(4)氨 玉米青贮加氨,通常有加氨液、液氨与矿物质混合液、液氨加矿物质加糖蜜等形式。加氨液的好处:一是提高乙酸和乳酸的比例,提高 pH 值和蛋白质量;二是青贮出窖后不易败坏。无氨处理的青贮,取出来喂不完,24 小时左右就会产生高热,使牛拒食。经氨处理的青贮,取出后 24 小时内不致发热,并且粗蛋白质含量可高达12.5% ~ 13%。

(5)酱渣、糖蜜 有的牧草的茎叶中,可供发酵用的糖分有限,加入酱渣、糖蜜或谷实粉等对发酵极为有利。干的酱渣可按牧草湿重的 1% ~ 10% 添加,无论对豆科或禾本科草都能促进其发酵。

(6)酸　无机酸类和有机酸类的应用,直接增加青贮的酸度。这些酸类的添加量以达到抑制微生物的活动或抑制不良微生物的活动,而不影响乳酸菌的正常活动为度。丙酸和乙酸的添加,比较便于使用。用占青贮或高水分谷物重量的 0.5% ~ 2% 添加有机酸,都比较成功。

(7)酵母菌或其他微生物　这类添加剂主要用于改进发酵类型,或用以提高纤维素的消化率。例如,喂奶牛的青贮料中加酵母,可以提高产奶量。但这类添加剂是微生物活动的产物,它不能自我繁殖。因此,不能广泛推广。一般认为,它对碳水化合物含量少的豆科牧草有好处,但效果有时不太稳定,不像加氨、尿素等物质那样可靠。

用苯甲酸合剂处理玉米青贮,效果显著。其处方是:苯甲酸 3 千克,硫酸铜 2.5 克,硫酸锰 5 克,硫酸锌 2 克,氯化钴 2 克,碘化钾 0.1 克。其使用效果见表 6-7。

表 6-7　苯甲酸合剂处理玉米青贮的效果　（单位：千克）

组　　别	燕麦单位	营养价值		
		可消化粗蛋白质(克)	胡萝卜素(毫克)	糖分(克)
对　照	0.152	11.00	18	8
加苯甲酸合剂处理	0.171	13.68	24	22

(四)装填和取用

1. 装填　青贮原料入窖时,必须掌握下列原则。

一是快。从装窖开始至结束,要减少中间停顿的时间,过夜装填更为有害,原料暴露在空气中的时间越短越好,最好能1次封口。

二是干净。无论用人、畜踩踏或其他机具夯压,靴、蹄或轮箍都应清洗后操作,尽量减少泥土的污染。

三是压紧。在青贮窖的有效体积内,任何一个角落都要装紧。装地下或半地下青贮窖时,在封窖前青贮原料应高出窖面30厘米,使青贮可因原料的自身重量而压实。

(1)青贮窖的合理设计 我国的青贮窖以地下或半地下窖最为常见。许多人把窖的四壁挖成陡直的(图6-2-1)。但是,为了增加青贮的成功机会,减少窖内原料损失,窖的周壁最好是倾斜的(图6-2-2)。倾斜度为每深1米,上口外倾5~7厘米。窖挖成后纵剖面呈倒梯形。

窖壁为倒梯形时,填入的青贮原料,由于自身的重量而不断下沉,原料的下沉压力使它紧靠在梯形壁上,从而把窖壁与青贮料之间的空气排出。这种形状的窖内,在周壁部分很难找到变质区。而直立的周壁,青贮窖内的周围部分,由于原料没有向外压的力量,形不成紧密层,而往往形成一个10厘米左右厚的发霉区(图6-2-3)。除非入窖时,对窖的周围仔细夯实,四角处也夯实,才能减少损失。

(2)窖形的选择 养牛不多时,可挖成圆形窖,但一般以长方形窖为好。地下水位高的地方,用半地下窖,窖底应比地下水位面高33厘米左右。有的地方还可以修成地上青贮窖。修地下窖的窖壁要厚一些,以防止坍塌。

(3)窖的大小 青贮窖很占地方,在农户养牛时,一家一户的院子不可能很大,窖面不宜占地过多。若要多贮青贮,可以挖得深一些,但一般不超过2米,过深的窖不但取料不方便,而且在窖的深处常常缺氧,这对到窖底取青贮的人不安

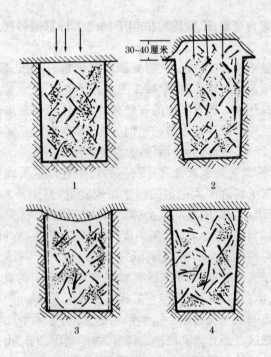

30~40厘米

1   2

3   4

图 6-2   倒梯形窖壁的青贮效果

1. 垂直周壁(示青贮原料只装到与地面相平)   2. 梯形周壁(示青
贮原料装到地面以上)   3. 青贮塌陷   4. 青贮装填饱满

全。如果青贮窖的位置通气良好,或者是半地下青贮,窖口宽敞,深度可以超过 2 米。浅窖的容量小,采用的不多,院子小时常用浅的,但最好不要少于 1.2 米,否则青贮质量不易保证。

(4)青贮料重量的计算   青贮窖贮存容量,既与原料重量有关,又与青贮窖的窖形有关。青贮全株玉米,每立方米重 500 ~ 550 千克。去穗的玉米秸,每立方米重 450 ~ 500 千克。人工或野生牧草,每立方米重 550 ~ 600 千克。

依据以上数据,我们可以用下列公式计算两种窖内青贮的成品重量。

①圆形窖

贮存容量 = 半径² × 3.14 × 深度 × 每立方米青贮的重量……(1)式

②长方形窖

贮存容量 = 长度 × 宽度 × 高度 × 每立方米青贮的重量……(2)式

③梯形窖 宽度以中腰部为准,其他同长方形。

如果宽度为 1.5 米,高度为 1.8 米,长度为 2 米,玉米秸每立方米为 500 千克,用这些数代入(2)式:

贮存容量 = 2 × 1.5 × 1.8 × 500 = 2700 千克

挖窖时,一般是宽度和高度固定,长度可以按需要来定。养 1 头牛 1 年需 5 000 千克青贮时,青贮窖的长度为:

窖长度 = 青贮需要量 ÷ (窖宽 × 窖深 × 每立方米青贮重量)……(3)式

将上面的数字代入(3)式

窖长度 = 5 000 ÷ (1.5 × 1.8 × 500) ≈ 3.7 米

即此窖长 3.7 米,就够 1 头牛全年青贮的备用量。从这一例子来看,1 头牛全年喂青贮,就要 10 米³ 青贮窖。如果半年可供青草,只要 5 米³ 就够了。

有了以上几个公式就可以计算任何头数牛的青贮体积了。

(5)窖口的封盖 封窖口是事关紧要的。为使青贮原料靠自重和顶上加压的土或其他物品的压力,自然压紧,并在填好窖一段时间内保持整窖依然饱满,入窖时青贮原料要高出地面。深 1.5~2 米的窖封顶应高出地面 30 厘米以上。然后加其他秸秆,或用塑料膜直接覆盖,最后用土压在塑料膜上,土厚 30~40 厘米。这样,过半个多月就达到图 6-2-4 的样子,封顶就成功了。

2. **取用**　若制作过程都能符合要求,只要不启封,青贮可以多年不变质。启窖时间,最早不要早于封窖后的 3~4 周。

启窖不当,会引起损失。其原因一般有以下一些情况。

(1)**窖顶全部启封**　有的地方使用青贮没有经验,1 次将窖顶全部启开,使顶部的青贮料暴露在空气中,不超过 24 个小时,青贮就生霉、发热,牲畜拒食。一般变质层可以达到 30~40 厘米。

(2)**局部启封**　启封后,如封顶不干净,在风吹雨淋的情况下,污染物就会落入下层,造成霉烂扩散。

(3)**取料面不整齐**　青贮原料切得不够短,刨取时残留面松动,未取用部分造成有氧条件。一般 3 天以内必须喂用,否则酸味丧失,变苦,变黄,变干,以至发霉,使有较高营养价值的部分变坏,不能喂用,或者营养成分大量损失。如窖比较大时,用青贮剁刀比较合适。如喂养几十头牛,窖面宽 2~3 米,必须保持取用面清洁,每次开封的部分要做到直取到窖底,这样损失最小。

如果有山坡等自然地形可资利用,可在坡处挖一切口,由地面取青贮。大户饲养用刀切取青贮有其优越性。为保证青贮用完后空窖不受损坏和人、畜不致跌入窖内,窖边要设栏杆。

半地下和地上青贮,在入贮时不能用地下青贮的方法。要先堆积一端,第一次尽量多装一些,斜面用塑料布覆盖。第二天继续入贮时,可揭开塑料布延伸堆贮,直至贮毕为止。但在启封时,也要垂直取用,以保证青贮不败坏。

3. **对含水量过高原料的调制**　在生产条件下,不免有时会有水分过多的青贮原料,而制干风干的条件又不足,此时可以添加干料来调节。公式如下:

水分过多的原料,每 100 千克青贮要加的干料量:

$$干料量 = \frac{原料中含水量 - 理想含水量}{理想含水量 - 拟添加干料含水量} \times 100 \cdots\cdots(4)式$$

例:用含水量 80% 的甘薯藤做青贮,用含水量 16% 野干草来调节,问每 100 千克甘薯藤应加野干草多少千克,可使水分降到 70%?现用以上数字代入(4)式:

$$干料量 = \frac{80 - 70}{70 - 16} \times 100 \approx 18.5(千克)$$

答案是应加野干草 18.5 千克。

各种青贮原料的含水量见表 6-8,可供调节青贮水分时参考。当然,收割牧草和玉米还应考虑蛋白质的含量。

表 6-8　常用青贮原料的水分含量

名　　称	收割时的成熟程度	含水量(%)
苜蓿	开花初期	70～80
苜蓿加禾本科草	苜蓿开花初期	70～80
整株玉米	玉米穗乳、蜡熟期	65
玉米秸	割去玉米穗后	50～60
青刈玉米	孕穗后期	75
整株高粱	籽粒中到硬粒期	70

名　称	收割时的成熟程度	含水量(%)
多叶高粱	籽粒中到硬粒期	70
高粱加苏丹草	籽粒中到硬粒期	70
高粱加苏丹草	1米多高时	80
燕　麦	早穗期至软粒末期	82
燕　麦	乳熟期	78
燕　麦	硬粒期	70
大　麦	软粒末期到硬粒期	75
甘　薯	新鲜挖取	75
薯　藤	新鲜收割	86
豆　秧	脱粒后	75
马铃薯		80
甜　菜		87
胡萝卜		90
牧　草	青　刈	88
芜菁、南瓜		90
水　草		94
瓜　类		96
谷　实		8～13
糠　麸		6～12
豆腐渣	鲜　渣	90
豆腐渣	风　干	10～15
粉　渣	鲜　渣	84
糖　渣	鲜　渣	90
糖　渣	风　干	10

4. 干玉米秸青贮的注意事项　干玉米秸是我国广大农区的重要农副产品,每年有大量玉米秸在收获粮食后被烧毁,在燃料比较充足的地区玉米秸的浪费尤为惊人。玉米秸青贮做牛的粗料,不仅能带来经济效益,而且也避免了资源的浪费。

前面已经提到,玉米是富含糖分的作物,茎秆中的糖分高,有利于做优质青贮。在收获玉米籽实后,秸秆干枯了,糖分也受损失,但它依然是良好的青贮原料,只是在青贮制作的过程中必须注意做好以下3点。

(1)加水　回收籽实后的玉米秸一般只有不到60%的水分,如果在田间存放时间长了,可能只有40%~50%的水分。因此,加水是十分重要的。加水最好用喷洒的办法,使秸秆潮湿,边湿润边青贮,以干秸秆不淌水为度。一般加水量为原料重量的10%。

(2)切细　干枯的玉米秸,尤其是结节部,最难贮好。将玉米秸切细有利于水分的渗透,使所含的糖分能溶解并均匀地分布,有利于压紧和发酵。

(3)压紧　压紧对干玉米秸青贮尤为重要。即使有加水不足或切铡不细的情况,如果压紧,也能补救上述缺点。

除玉米秸青贮外,其他如高粱秆、甘薯藤、向日葵秆、野干草、马铃薯茎叶等都能贮用,方法同上。

麦秸也能青贮。如果有新鲜的胡萝卜、白菜、倭瓜及其他瓜类,可以用100千克瓜、菜与15千克麦秸相拌混青贮,是奶牛与肉牛极好的饲料。这些干枯的秸秆在加工后,可使其营养和适口性倍增,用以喂肉牛可增加采食量,提高日增重。

(五)其他几种青贮形式

1.塑料袋青贮　塑料袋青贮简称袋式青贮。是目前国内外广为推行的一种方法,我国南方和华北地区都有应用。它只需要把青贮原料切短,装入塑料袋,使湿度适中,抽尽空气,并压紧即可。如果无抽气设备,必须保证装填紧密。可用的青贮原料有青草、菜叶、青玉米秸、豆秧、花生秧、甜菜叶和甘薯藤等。由于不需土建工程,投资很低,成功率很高,推广前途良好。据河南省报道,1个长、宽各1米,高2.5米的塑料袋,可装下750~1 000千克青贮玉米,塑料袋可使用2年。塑料袋用于青贮,从国内使用的实际来看,要满足以下要求。

第一,塑料袋要厚实,厚度最好在0.9~1毫米。

第二,青贮料一定要铡碎切短,便于将每层青贮原料装进后,层层压紧。

第三,袋边袋角要封压牢固,在边装边压时不会破裂,扎口时要挤净空气,看到袋内青贮已沉积后,再扎紧袋口。

第四,青贮料应保持65%~75%的水分,以用手捏时不沾手、不出水,一松手就能散开为度。

第五,每次取用后要封盖,防止变质。南方气温高,更应注意。

塑料袋青贮可以看到里面的原料,如发现青贮颜色变黄,叶脉模糊就得密切注意。此时如温度上升到60℃~70℃,应打开封口,把未压紧的地方压紧,随即迅速封口扎紧。

青贮温度升高时,其质量迅速下降,适口性变差,牲口拒食。即使牛还爱吃,但其营养成分已下降。正常的发酵期过后,如青贮料的温度为40℃时,粗蛋白质要下降10.5%,60℃时下降37%,70℃时下降43%;在上述3种温度条件下,糖分分别下降 58%,81%,85%,损失相当大。原来搭配好的日粮就会失去应有的营养价值,牛的生产性能就会下降。

用塑料袋青贮秸秆,如玉米秸制作,在切短后最好加以碾压,捣碎结节。对过干的秸秆可用上面已介绍的方法来调整湿度。但薯秧最好要经过晾晒后再贮存。

2.**塔式青贮**　这是一种利用空间,少占地面的方法。青贮塔一般高 8～16 米,多为圆柱形,直径 3～6 米不等。建设材料有钢筋混凝土的、金属板的、搪瓷的等等,一般都要求有很好的防酸耐腐蚀性能。自顶部装填,要求有比较好的青贮切割机和装塔机具,或用专门设计的青贮切割机,原料切碎后直接吹入塔中,其耗能和扬程都较高。青贮塔使用耐久,从长期考虑在经济上很划得来。

3.**堆式青贮**　是一种简便的方法。只要有平坦的水泥地面,或其他平整坚硬的地面,将切短的青贮堆上、压实,盖上塑料薄膜,用泥土或其他重物压上即可。此法无需围墙,堆存时不受青贮原料多少的影响。缺点是要求地面大,青贮的损耗较大。还是用窖形青贮为好。

4.**半干青贮**　半干青贮是贮藏豆科牧草的绝妙方法。在美国,由于实施苜蓿半干青贮法,使奶牛平均产奶量超过7 000 千克成为可能。我国目前大量种植的沙打旺,由于老化快,绿叶容易失落,优质使用期很短,十分可惜。用半干青贮法,可在沙打旺嫩绿期刈割、晾晒,凋萎 1 天后,使水分降到55%以下进行青贮,沙打旺的利用率会大大提高。

半干青贮,水分比较低,但也不能低于 50%。青贮的形式不受限制。为了保证良好的发酵,切碎要求比较严格,均匀切短的原料有利于排尽空气和装填紧实。在一般青贮达到pH 值 5 时,半干青贮可达到 pH 值 4.5～4.8。在制半干青贮时,糖分较易得到良好的发酵,产生的丙酸量较少。

可制半干青贮的作物有苜蓿、三叶草、燕麦、小麦、大麦和牧草。苜蓿、三叶草的适宜制作期是 1/10 植株开花的时期,持续时间较长。而燕麦和小麦适于做半干青贮的时间,一般只有 2~3 天。燕麦的半干青贮比燕麦干草喂养生长牛的效果要好得多(表 6-9)。

表 6-9　生长牛喂燕麦干草和半干青贮对比

项　　目	燕麦干草	半干青贮
牛数(头)	14	14
饲喂天数(日)	134	129
始重(千克)	305	309
终重(千克)	414	443
日增重(千克)	0.803	1.035
相差(千克)		+ 0.232
日喂量(干物质基础,千克)	11.17	11.21
每 100 千克增重喂料(千克)	1386	1084
相差(千克)		- 302
饲料中干物质(%)	87.2	48.4
蛋白质含量(%)	16.6	16.3

从表 6-9 可见,生长牛喂半干青贮消耗的干物质少,但日增重高 28%(1.035 千克比 0.803 千克),说明它的饲料转化效果要好得多。

(六)青贮质量的感观评定标准

1. 嗅觉　气味芳香、酸香可人,或有明显的面包香气时,评14分;用手接触后,手上留有极轻微的酸臭气,或具有较强酸气,芳香气弱,经烘干后酸气弱,有焦面包香气,评10分;酸臭味颇重,有明显的刺鼻臭味或霉气时,评4分;有很强的酸臭气或氨气、几乎无酸气味时,只给2分;如发生粪臭气、霉败气味、强霉气味或堆肥气味时,根本不给分。

2. 视　觉

(1)结构　茎、叶纹理清晰者,给4分;叶脉纹理开始模糊不清者,给2分;茎、叶的结构保存极差或有轻度发霉,或有轻度的污染者,只给1分;茎、叶腐烂或污染严重者,只能评零分。

(2)色泽　与原材料相似,烘干后呈淡褐色的,评2分;略有变色,呈淡黄或带褐色时,给1分;变色严重,墨绿色或黄色,呈现强度霉败时,则不给分。

3. 等级划分　根据以上感观评定的分数累计,划分如下等级。

(1)优　获得16~20分,青贮质地优良,营养损失很少。

(2)良　获得10~15分,青贮质地比较满意,营养中度损失。

(3)中　获得5~9分,青贮尚可饲用,营养高度损失。

(4)劣　获得0~4分,青贮腐败不堪饲用,营养几乎完全损失。

五、苜蓿的利用

以苜蓿干草为基础的日粮,是现代优质高产奶牛业生产体系所必需的。它有别于传统的秸秆型奶牛业生产体系。该体系应用苜蓿干草＋玉米青贮＋多汁饲料＋精料的模式,代替传统的青干草＋玉米青贮＋多汁饲料＋精料，或者是秸秆＋多汁饲料＋精料的模式，用于饲养高产奶牛。但奶牛的各泌乳阶段，配制符合营养需要的不同配方是两种体系的共同之处。

高产奶牛的生产除了本身的遗传基础外，更多地受到饲料条件以及饲养管理的影响，其中以饲料条件最重要。这就是外国高产奶牛到中国落户后，其后代生产性能并不理想的主要原因。秸秆型奶牛业生产体系对低、中产奶牛尚有一定效果，而当 305 天产奶量一般想超过 5 000 千克就有了困难。以苜蓿干草日粮为基础的奶牛业生产体系，体现了高产、优质、高效的奶业发展方向，其生产水平达到 7 000 ~ 10 000 千克的程度。如配制给一头体重 600 千克、日产奶 20 千克、乳脂率为 3.5% 的成母牛日粮，可用苜蓿干草 4 千克，玉米青贮 16 千克，精料 9.75 千克（玉米 6 千克，麸皮 1.6 千克，豆饼 1.2 千克，棉籽饼 0.8 千克，磷酸氢钙 0.15 千克），总计 29.75 千克。该日粮每千克干物质含奶牛能量单位 2.08，可消化粗蛋白质 9.4%，钙 0.77%，磷 0.54%，粗纤维 19%。如果还要提高日产奶量，可给苜蓿 6 千克。

据北京西郊农场王运亨高级工程师的试验材料推算，如果北京市饲养 5 万头成年母牛，全部推广饲喂苜蓿，头日喂苜蓿干草 2.5 千克（0.3 万公顷苜蓿干草），可增产牛奶 3 万吨，纯增经济效益 1.2 亿元。他用 120 头奶牛喂苜蓿，与 100 头奶牛喂羊草进行对比试验，其结果是：喂苜蓿的奶牛，每头每天增产 1.98 千克，增收 2.86 元。牛奶含脂率提高 0.091%，牛奶干物质提高 0.7%，每毫升牛奶中减少体细胞数 15.2 万个。奶牛的健康有改善。

表 6-10 介绍了苜蓿在不同生长阶段的营养含量，供直接

生产苜蓿的农户参考。

表6-10　各生长期苜蓿(干物质)中的营养含量　(%)

生长阶段	粗蛋白质	粗脂肪	粗纤维	无氮浸出物	灰　分
营养生长期	26.1	4.5	17.2	42.2	10.0
花　前　期	22.1	3.5	23.6	41.2	9.6
初　花　期	20.5	3.1	25.8	41.3	9.3
1/2 盛花期	18.2	3.6	28.5	41.5	8.2
花　后　期	12.3	2.4	40.6	37.2	7.5

苜蓿的营养价值与其生长期关系很大,随着生长期的延长,蛋白质含量逐渐减少,粗纤维则显著增加。试验证明,给每头产奶母牛每日提供苜蓿干草重量同为 18.6 千克的情况下,在初花期收获的苜蓿干草,每 667 米² 可得到标准奶 475千克;在 1/2 开花期收割的,每 667 米² 苜蓿干草可获得 394千克标准奶;而在盛花期收割的,每 667 米² 苜蓿干草,只能获得 298 千克标准奶。这充分表明喂不同的苜蓿干草对产奶量的差异是显著的。

第七章　奶牛的饲养

科学饲养不仅能使产奶量达到最高水平,而且还能延长奶牛的使用寿命,高效率、高质量地繁殖,更经济地培育后备牛群。

提供配合适当的混合精料及青粗饲料,有利于保持牛群健康,有助于提高抵抗不利的环境条件和病原微生物侵害的能力,从而防止和减少疾病发生,保证高效生产。

一、犊牛的饲养

(一)犊牛的消化特点

出生后头几周的犊牛,瘤胃、网胃和瓣胃均未发育完全。这个时期犊牛的瘤胃虽然也是一个较大的胃室,然而它没有任何消化功能。犊牛在吮奶时,体内产生一种自然的神经反射作用,使前胃的食管沟卷合,形成管状结构,避免牛奶流入瘤胃,使牛奶经过食管沟直接进入皱胃进行消化。有时犊牛吮奶过急,会有少量奶进入瘤胃。犊牛3周龄开始尝试咀嚼干草、谷物和青贮饲料,瘤胃内的微生物区系开始形成,内壁的乳头状突起逐渐发育,瘤胃和网胃开始增大。由于微生物对饲料的发酵作用,促进瘤胃发育。随着瘤胃的发育,犊牛对非奶饲料,包括对各种粗饲料的消化能力逐渐加强,才能和成年牛一样具有反刍动物的消化功能。所以,犊牛出生后头3周,其主要消化功能是由皱胃行使,这时还不能把犊牛看成反刍家畜。在此阶段,犊牛的饲养与猪等单胃动物十分相似。

犊牛的皱胃占胃总容积的70%(成年牛皱胃只占胃总容积的8%),犊牛在以瘤胃为主要消化器官之前,尚不具备以胃蛋白酶进行消化的能力。所以,在犊牛出生后头几周,需要以牛奶制品为日粮。牛奶进入皱胃时,由皱胃分泌的凝乳酶对牛奶进行消化。但随着犊牛的长大,凝乳酶活力逐步被胃蛋白酶所替代,大约在3周龄时,犊牛开始有效地消化非乳蛋白质,如谷类蛋白质、肉粉和鱼粉等。而在新生犊牛肠道里,存在有乳糖酶,所以,新生犊牛能够很好地消化牛奶中的乳糖。而这些乳糖酶的活力却随着犊牛年龄的增长而逐渐降低。新生犊牛消化系统里缺少麦芽糖酶,所以,出生后的早期阶段不能利用大量的淀粉,大约到了 7 周龄时,麦芽糖酶的活性才逐渐显现出来。同样,初生犊牛几乎或者完全没有蔗糖酶,以后也提高得非常慢。因此,牛的消化系统从来不具备大量利用蔗糖的能力。初生犊牛的胰脂肪酶活力也很低,但随着日龄的增加而迅速地增加起来,8 日龄时其胰脂肪酶的活性就达到了相当高的水平,使犊牛能够很容易地利用全奶以及其他动植物代用品中的脂肪。另外,犊牛也同样分泌唾液脂肪酶,这种酶对乳脂的消化有益,但唾液脂肪酶随着犊牛消耗粗饲料量的增加而有所减少。

至少要在 3 月龄之后,才能用植物性蛋白质全部代替牛奶。只有人工代乳价格低廉,用它哺喂牛犊才可取。奶牛业一般用人工哺乳的方法,但在犊牛 1.5～2 月龄时,必须喂以富于动物性蛋白质的代乳品,或者喂以全乳,才有利于犊牛的生长。

为促进瘤胃的发育,早日适应植物性饲料,可在牛出生后数周内开始饲喂干草、青贮和谷物,使瘤胃能尽早呈现成牛的瘤胃功能,消化植物性蛋白质,并促进瘤胃微生物的繁衍。

(二)尽早吸吮初乳

初乳中含有抗体,可以增加幼犊抗病能力,保护犊牛。尤其对最常见的初生犊腹泻等消化不良现象,都能因为及时得到充分的初乳而不发生或使病况缓和。初乳中干物质含量比正常牛奶约高出 1.5 倍,第一次挤出的初乳,一般含蛋白质 18.8%,脂肪 6.2%。而且这些营养成分很容易被吸收。

初乳所含的营养成分和抗体,在几天内迅速减少,到第六天开始与常乳相近。因此，犊牛出生后应尽快吸吮初乳，时间越早越好，最好在出生后半个小时内喂给，不能直接吸吮的可用胃管辅助喂给。但直接吸吮要比人工哺喂得到更多的抗体。得不到初乳的犊牛死亡率较高。

(三)饲喂酸初乳

抓住时机保存牛犊吃不完的初乳，使其不致败坏，对犊牛健康成长是一项很值得重视的工作。贮存初乳通常采用发酵制成酸初乳的办法，其具体做法如下。

1. **容器**　制备酸初乳至少要有 3 个大罐，1 个用以贮存存放时间最久、已发酵至可供饲喂的酸初乳，1 个存放正在发酵的、待前 1 罐喂完即可续喂的初乳，1 个装新鲜初乳。罐子用完后要清洗干净，以便再用。新容器开始使用时，不能直接往里放初乳，而是先用旧罐中发酵好的初乳，混合均匀后倒入新容器，随后这个容器就可正常使用了。

2. **采集与防腐**　将产犊母牛头 3～5 天多余的初乳，放入清洁的水桶或奶罐里。最好预先在容器里铺以不影响发酵的衬垫，如塑料薄膜，每批用后即扔掉。夏季气温达 32℃ 时，为防止腐败细菌的生长，可加入 0.3% 的甲酸或 0.7% 的醋酸，也可以使用 1% 的丙酸，将 pH 值调至 4.6 为宜。这样的初乳可保存 3 周。

3. **发酵**　在正常室温(10℃～21℃)条件下，发酵都很理想。几天采集并初步发酵的初乳可以加在一起，每次加入新乳后，都要很好地搅拌，使新旧乳发酵均匀。服用过抗生素的母牛的奶能抑制发酵，不宜掺入发酵乳中。

4. **饲喂**　发酵好的酸初乳另罐保存。饲喂前加入 0.5% 的碳酸氢钠中和，以改善适口性，然后用等量温水调好。每天喂原酸奶1千克,分2次调后喂给。在初生犊饮用新鲜初乳1.5~1.8千克之后,再喂给酸初乳。之后稍大的犊牛酸初乳喂量也随之增加。并增加软质的幼犊日粮和优质的混合干草,任其自由采食。

(四)犊牛代乳品

质量好的代乳品,除应含有合格的常规成分外,还应有较为全面的矿物质和维生素,纤维素含量应在0.5%以下。纤维素含量大于0.5%,表明代乳品中含有过多的植物性蛋白质,而动物性蛋白质不会含有这样多的纤维素。

3周龄以前的犊牛,应喂以能提供全部蛋白质和能量的代乳品。可由脱脂奶粉、乳清粉、奶蛋白粉、动物性脂肪、大豆卵磷脂及维生素A、维生素E、烟酸等组成。要求含20%粗蛋白质、10%粗脂肪、0.25%粗纤维,以及适量的维生素、矿物质等。每吨代乳品要另加50克金霉素,以确保犊牛的健康。

满3周龄后,犊牛成长到能够消化非奶蛋白质时,可以适当增加植物性蛋白质、鱼粉或其他动物性蛋白质饲料。如可溶性鱼粉、蛋粉、豆饼细粉、胶化玉米和谷物糠类等。其营养含量为粗蛋白质22%~24%,粗脂肪6%~10%,粗纤维0.5%~1%,以及维生素A、维生素D、维生素E、矿物质添加剂等。对每吨代乳品另加新霉素250克或土霉素125克。

满2个月龄的犊牛可以饲喂如下的代乳品。配方为:麸皮25%,大麦50%,豆饼10%,黄豆6%,鱼粉3%,食盐3%,骨粉3%。磨细后混合均匀,以1份混匀料加10份水调和,加温到95℃~100℃即可。饲喂时温度以36℃~39℃为宜。平均每犊日喂代乳液3.5~4升;随着犊牛的增长日喂量逐增,至4月龄时增加到8~9升,之后逐渐减少至停喂。刚配合好的代乳品应先行成分测定,如果粗蛋白质、脂肪或纤维含量不符合要求,可以适当调整原料比例。

组成代乳品的所有原料都必须质量良好。经验证明,劣质代乳品造成的疾病对畜群危害很大,其临床症状很难与致病菌造成的疾病区分。生产中若发现初生犊头日增重只达到正常的30%;犊牛腹泻而药物治疗效果不好;营养状况越来越差,而且直到死亡前不久还能吸吮代乳品;在任何治疗都无效的情况下,只要改喂新鲜的全奶或脱脂奶,不几天病情就能治愈,这就表明病情是由于喂劣质代乳品所致。劣质代乳品多半是其中的蛋白质变质,在犊牛皱胃内不能凝成乳块而流入肠道,被大肠杆菌利用,是产生犊牛腹泻的主要原因。如再遇上气候突变,常常造成犊牛死亡。

牛奶代用品的质量要求如下。

第一,蛋白质含量方面,其来源如果是牛奶产品,要求含量为20%;如果是来自大豆之类,则应含22%~24%,因为犊牛对植物性蛋白质的消化能力要比对牛奶蛋白质差。

第二,在脂肪含量方面,应在5%~12%的范围内,脂肪质量愈高愈能减少下痢,又能提供更多的热能。质量好的动物性脂肪比植物性脂肪更适合作为犊牛的代乳品,经纯化处理的大豆卵磷脂也是可以采用的原料之一,它有促进牛奶代乳品混合均匀的特性。

第三,犊牛可利用的糖类有乳糖和葡萄糖,而淀粉和蔗糖不适合作为牛奶代用品的原料。

1月龄以内的犊牛,每天需要牛奶或代乳品的干物质约400克;到4月龄时,需要牛奶或代乳品干物质1千克左右。饲喂代乳品时,要注意满足犊牛的能量要求。能量不足会造成犊牛十分虚弱。这样的犊牛大部分时间躺着不动,有人靠近就发出无力的哞叫声。

饲喂代乳品时,要做到定时、定量、定温,注意观察饲喂效果。必要时,还要添加适量的土霉素或痢菌净。

犊牛出现严重的腹泻时,易引起失水,体内氯化钠、碳酸盐浓度降低。这时应暂停喂食 24 个小时,及时补充 0.1% ~ 0.2%的碳酸氢钠温水,以调节肠道酸碱平衡。1 昼夜喂 4 次,每次 1 升配制液。然后再逐渐恢复喂牛奶、代乳品或酸奶,使消化系统功能康复。

(五)幼犊日粮

犊牛的哺乳期原为 6 月龄。在 20 世纪 60 年代以来,不断探索缩短哺乳期、减少全奶喂量的试验,这既可降低饲养成本,又为市场增加部分鲜奶的供应。有许多成功的报道,把哺乳期缩短至 100 天左右,全奶喂量减至 300 千克。但还要根据各地奶牛场代乳品使用量、代乳品质量以及配合使用的精料及干草质量如何而定。

断奶之前犊牛消耗的固态饲料总和约在 50 千克,其他日粮以乳或代乳品为主。不论混合精料或粗饲料喂量都应从少到多,逐步增加。大多数犊牛在 7 ~ 10 日龄时开始吃固态饲料。每天提供的饲料必须新鲜,并符合生理卫生的饲喂过程。幼犊日粮不必太复杂,只要符合犊牛的能量和蛋白质需要即可。一般使用玉米、麦麸、豆饼和甜菜渣等,并添加维生素和矿物质。幼犊日粮配方见表 7-1。

表 7-1　幼犊日粮配方　（单位：%）

饲 料 名 称	配方 1	配方 2	配方 3	配方 4
苜蓿	20	20	20	20
玉米粗粉或压玉米片	37	22	55	52
小 麦 麸	20	40	—	—
糖蜜（液态或干的）	10	10	10	10
饼 粕 类	10	5	12	15
骨粉或磷酸二钙	2	2	2	2
微量元素添加剂	1	1	1	1

　　7～10 日龄的犊牛可以开始自由采食少量质量高、质地软的干草，干草更能促进犊牛瘤胃发育。当犊牛对精饲料和干草都能很好采食时，就可以考虑逐步断奶。对进食日粮的犊牛要提供足够的饮水，每进食 1 千克干物质至少要提供 6升水，否则就会降低饲料的利用率。

　　断奶后的犊牛生长速度虽然不如哺乳期，但其骨架及消化器官正在迅速生长，同时性成熟期开始。所以，这个时期的饲养对整个生长阶段十分重要，对后备乳用犊牛尤其重要。为判断牛正常生长情况，可用荷斯坦牛各月龄的体重和体尺做标准（表 7-2），进行比较。

表 7-2　各月龄荷斯坦犊牛体重、体尺指标

月 龄	体重（千克）	鬐甲高（厘米）	胸围（厘米）
初 生	41～43	71～73	76～78
1 月 龄	50～53	75～77	82～85
2 月 龄	69～72	78～81	90～93
3 月 龄	89～93	82～86	100～102

月　龄	体重(千克)	鬐甲高(厘米)	胸围(厘米)
4 月 龄	114 ~ 120	88 ~ 91	103 ~ 108
5 月 龄	132 ~ 136	93 ~ 96	110 ~ 116
6 月 龄	159 ~ 164	98 ~ 101	118 ~ 123

二、育成母牛的饲养

从断奶后至第一次产犊前,为育成母牛或小母牛。

刚断奶的犊牛,如果能得到高质量的豆科干草,精饲料中的粗蛋白质含量有 12% ~ 13% 就足够了,不需要含过高能量的日粮。矿物质的需要可用磷酸二钙和其他微量元素来补充。如干草中蛋白质含量低,要用精料增加粗蛋白质的供给量。

4 ~ 10 月龄的小母牛,如果提供含粗蛋白质 20% 以上的干草时,每日喂精料 1.4 千克,精料的粗蛋白质含量可以是 9% ~ 12%;如干草的粗蛋白质含量在 15% 左右,每日喂含粗蛋白质 14% 的精料 1.8 千克;干草的粗蛋白质含量低于 10%,则喂给含粗蛋白质 18% 的精料 2.7 千克。

11 ~ 22 月龄的小母牛,如有蛋白质含量高的豆科干草饲喂,可以少喂甚至不喂精饲料;干草的蛋白质含量中等的,每日要喂给含粗蛋白质 14% 的精饲料 1.5 千克;饲喂低蛋白质干草时,每日要喂给含粗蛋白质 18% 的精饲料 3 千克。

23 ~ 24 月龄(开始配种)的小母牛,饲喂高质量干草时,每日要喂给含 10% 粗蛋白质的精料 1 ~ 4 千克;喂中等质量干草时,则精料的粗蛋白质含量为 14%,喂量 2 ~ 5 千克;饲喂低蛋白质的干草,每日要喂给含粗蛋白质18%的精料4～7千克。23～24月龄小母牛的精料饲喂量变化范围较大,要考虑的变化因素多,如是否妊娠以及妊娠期,或妊娠期间的特殊情况等。总之,精料饲喂量要使小母牛保持不太肥的良好体况,才有助于预防配种或产犊的困难。但在产犊前2～3周要喂给谷物饲料至少2.5千克,才能满足产犊后多产牛奶的要求。

在小母牛的粗饲料中,稿秆饲料不能喂得过早、过多。大约9月龄时,其稿秆喂量至多占全部粗饲料的1/3。稿秆饲料主要是指那些已收取了成熟谷实的干硬秸秆,如高粱秸、玉米秸、麦秸和稻草等。其中可消化吸收的营养很少,尤其没有经过任何处理的稿秆,营养价值很低。对于有条件饲喂干草和青贮的牛场来说,通常只将稿秆作为应急饲料。

育成母牛在草地放牧最为理想,既可免除处理青料和处理粪便的劳力,又能提高牛的健康水平,延长牛的泌乳寿命。据国外试验,放牧牛的利用年限比舍饲牛可延长1个胎次。放牧时期的小母牛,只需要归牧后补充2～3千克干草。对育成牛,过多供应能量饲料是不经济的,也是不必要的。

接近配种年龄的小母牛,其采食量大为增加。这时的日粮大致如下:苜蓿干草3.5千克,玉米青贮10千克,混合精料1千克。在混合精料中,碎玉米占90%,豆饼占6%,其他为矿物质和维生素补充料。如果没有苜蓿干草,玉米青贮可喂至21千克,混合精料1千克。在混合精料中,豆饼占70%,玉米或大麦只占20%。如果有豆科和禾本科混合干草时,每头每天可喂干草3.5千克,玉米青贮10千克,混合精料1千克。在混合料中,玉米50%,大麦16%,豆饼30%,其他为矿物质添加剂。如喂玉米秸,每天可喂10千克,混合精料1.5千克。在混合精料中,豆饼占85%,玉米占12%,其他为矿物质添加剂。

12月龄至初产前1个月,如粗料品质良好,可以作为小母牛的惟一日粮,但应供给微量矿物质补充料,供自由采食。这个时期小母牛的日增重应在700克以上,如果生长情况不理想,应另外补充少量谷物饲料,补充量应视粗料品质而定。随着牧草的成熟而干枯,营养成分的下降,就要注意饲料能量的适当补充。育成小母牛的日粮标准见表7-3。

表7-3 育成小母牛的日粮标准

体重(千克)	日增重(克)	干物质(千克)	粗蛋白质(克)	钙(克)	磷(克)
150	500	3.11	434	19	11
	800	3.83	575	25	14
175	500	3.42	451	20	12
	800	4.19	589	27	15
200	500	3.74	498	22	13
	800	4.55	635	28	16
250	500	4.32	535	25	16
	800	5.18	668	31	19
300	500	4.91	571	28	18
	800	5.85	698	34	21
350	500	5.43	606	31	21
	800	6.39	732	37	24
400	500	5.94	642	34	23
	800	7.04	766	40	26
450	500	6.50	678	37	26
	800	7.70	802	43	29
500	500	7.00	715	40	28
	800	8.20	837	46	31

三、泌乳母牛的饲养

泌乳母牛的营养需要包括维持需要和泌乳需要。头一二个泌乳期的母牛,还要考虑其自身生长的需要,分别增加20%和10%的营养供给量;对怀孕母牛尤其怀孕的最后2个月,为了犊牛的生长和发育,也需要额外增加营养物质。现将维持、泌乳及妊娠期间的饲养标准介绍如下(表7-4)。

表7-4 泌乳母牛的饲养标准

体重(千克)	日粮干物质(千克)	产奶净能(兆焦)	粗蛋白质(克)	钙(克)	磷(克)
按体重计算的维持需要(千克)					
350	5.02	26.71	374	21	16
400	5.55	31.82	413	24	18
450	6.06	34.75	451	27	20
500	6.56	37.60	488	30	22
550	7.04	40.40	524	33	25
600	7.52	43.12	559	36	27
650	7.98	45.80	594	39	30
按乳脂率计算每千克泌乳量的需要(%)					
3.0	0.34~0.38	2.72	74	3.9	2.6
3.5	0.37~0.41	2.93	80	4.2	2.8
4.0	0.40~0.45	3.14	85	4.5	3.0
按妊娠月份计算的需要量					
6个月	0.75	4.19	77	6	2
7个月	1.26	7.12	145	10	4
8个月	2.21	12.56	255	16	6
9个月	3.67	20.93	403	24	9

根据表7-4所列标准,对泌乳牛群中的相同泌乳期、相同

的体重、泌乳量以及妊娠月份分别计算其需要量。

例如：1头体重400千克第一泌乳期母牛，日产含乳脂3.2%的牛奶25千克，且又妊娠6个月了，计算其日粮中营养需要量。

首先按母牛体重提供的维持需要为干物质5.55千克，产奶净能31.82兆焦，粗蛋白质413克，钙24克，磷18克。

第一泌乳期要增加维持需要的20%，应增加日粮干物质1.11千克，产奶净能6.36兆焦，粗蛋白质82.6克，钙4.8克，磷3.6克。

日产含乳脂3.2%的牛奶25千克，其需要量为干物质9.25千克(0.37×25)，产奶净能73.25兆焦(2.93×25)，粗蛋白质2 000克(80×25)，钙105克(4.2×25)，磷70克(2.8×25)。

第六妊娠月又增加干物质0.75千克，产奶净能4.19兆焦，粗蛋白质77克，钙6克，磷2克。

综合结果，这头泌乳牛要饲喂日粮干物质总量为16.66千克(5.55＋1.11＋9.25＋0.75＝16.66)，产奶净能115.62兆焦(31.82＋6.36＋73.25＋4.19)，粗蛋白质2 572.6克(413＋82.6＋2 000＋77)，钙139.8克(24＋4.8＋105＋6)，磷93.6克(18＋3.6＋70＋2)。

奶牛场里通常使用的饲料有玉米、小麦麸、豆饼、糟渣、胡萝卜、薯秧、玉米青贮以及干草等。在泌乳牛的泌乳高峰期，除了保证提供质量好、适口性强的优质干草及青贮饲料任其采食外，还要适当增加精料的喂量及次数。每日产奶量为10千克时，精、粗料比为3∶7(以干物质计)，日喂混合精料4千克；每日产奶15千克时，精、粗料比例虽不变，但精料喂量增加到5.6千克，显然总干物质进食量提高了；日产奶量为20千克时，精、粗料比调整为4∶6，精料喂量7.6千克；日产奶25

千克时,精、粗料比约为 5.5:4.5,精料喂量 9 千克;每日产奶量达到 30 千克时,精、粗料比变为 6:4,精料的喂量达到 13.2 千克。泌乳牛的产奶量越高,精料的比例也越大。这是由于高生产水平需要高营养量,而瘤胃容量有限,粗料体积大,靠粗料提供的营养量难以满足需要的缘故。饲养奶牛有诸多因素交错,故须考虑日粮的营养配合。

泌乳母牛的饲喂要根据产奶量的多少来分组,以便分配给相应数量的精饲料。对产奶量高的母牛必须保证其干物质采食量。经验证明,当第二次饲喂时,饲槽内应有大约 1/10 的剩余料,这表明任其采食而没有空槽断料。据统计,如果在 1 天中有 4.5 个小时空着饲槽,说明母牛少吃 1 千克干物质,而且将少生产 600 克牛奶。再一方面,要考虑饲料在瘤胃中保持正常的发酵程度和相当数量的微生物才有利于饲料的消化,这就要注意避免给予过多的高能量饲料。

饲喂干草的方法,过去基本上都是自由采食,如在泌乳牛上槽时先放上一批干草任其咀嚼一阵子,再喂以精饲料,并且在挤奶后,泌乳牛走向运动场时,又有早已准备好的干草或青贮饲料等候它们自由采食。目前一些相当现代化的奶牛场,采用全价的配合饲料,干草也被加工成粉或颗粒,按科学的配比加入其他精饲料中。配合料的好处在于它可以提高饲料的饲喂率,即少浪费、多进食。能够避免奶牛在饲槽里挑食,而造成营养不全面。一些有一定营养的饲料,由于适口性差,常常被家畜从嘴边甩出去,如配合饲料里加入调味剂,就能被采食利用。当需要限制精饲料的喂量时,可以增加干草等粗料的配合比例,使配合料有一定的体积,又不浪费过量的营养物质,所以,配合饲料是有一定经济效益的。

四、干奶母牛的饲养

干奶期的安排是畜牧工作者应该认真对待的问题。一般说来,产犊前2个月应该使泌乳牛停止泌乳。因为胎儿最后2个月生长很快,让母牛既泌乳又提供胎儿生长发育的营养,并负担胎儿的重量及活动,其负担太重,要有一个稍为放松的恢复过程,那就是暂时停止泌乳。这既可为下一次泌乳贮备一定的能量,又可避免过分紧张的生理负担。安排适当的干奶期符合长远利益,有利于延长奶牛的泌乳寿命。如能延长1个胎次的寿命,不但增加1胎犊牛,而且能得到更多的牛奶。

如何进行干奶,需要有一定的实际经验。所以,有些奶牛场将需要进行干奶和临产前的母牛,安排有经验的饲养员专门管理。对于泌乳末期奶量本来就已不多的牛,迅速干奶,比较安全。但对于产奶量较高的牛,要逐渐减少挤奶次数,同时少喂精料,拖延3~5天后使奶量迅速减少以至干奶。具体的做法是:对高产牛干奶前5天就要停止饲喂多汁饲料,并控制饮水,加强运动。在减少挤奶次数的同时,停止按摩乳房,从正常的1天3次挤奶变成2次,第二天只挤1次,第三天停挤1天,第四天最后挤1次就可以干奶了。

干奶期的母牛如果能够得到质量较好的牧草、干草或半干青贮,其蛋白质需要量就足够了。但喂玉米青贮则蛋白质含量不够,1头干奶牛每天供给20千克以上的玉米青贮,要补喂0.5千克豆饼。喂加有尿素的玉米青贮,可以从尿素里得到相当数量的氮素,不需要另外补充蛋白质。临产前2周,因为即将开始泌乳,为使奶牛的瘤胃适应泌乳期间的日粮,要逐渐增加精饲料的给量,至临产前喂精料 4~6 千克,以不长膘为度,以免影响产犊。母牛产犊后 3~4 天就要恢复其所必需的精料量。所以,临产前增加精料是必要的过渡。

干奶牛的全部饲料(包括粗料和精料)总干物质每天喂给量,一般要相当于体重的 1.5%~2%。如干奶牛体重 600 千克,则全天总干物质进食量为 9~12 千克。其中粗、精料比需要变化。以干物质为基础计算,干奶期间粗、精料比是 8:2 或 7:3,临产前 2 周为 6:4 或 5:5,而在泌乳旺期则变成4.5:5.5,甚至 4:6。

矿物质补充,可以采用自由舔食的办法,补充的种类和数量,要根据所采食的粗饲料种类,以及预产期的远近来确定。如喂玉米青贮,要补充钙和磷,通常首先选用磷酸二钙。喂苜蓿干草的,因为其含钙量高,应补充高磷矿物质。

五、奶牛常见病的预防

奶牛的一些疾病是由营养不协调引起的,饲养人员必须及时发现,报告兽医给予必要的治疗。而饲养人员应掌握以下知识,如实地向兽医提供情况,协助做出正确的判断。

(一)酸 毒 症

酸毒症也称消化不良或充血性毒血症。这是瘤胃内酸度上升,达到 pH 值 4~4.5,影响瘤胃消化功能。病牛食欲不振、外观精神委靡、行动懒散、脉搏加快、双眼下陷和脱水等。预防措施是,不要在日粮中突然使用大量能量饲料。而饲喂优质干草,可防止突然出现酸毒症。

(二)瘤胃胀气

瘤胃内聚积过多的气体,呼吸困难,过度的流涎,左腹肷部膨胀,严重时可致命。预防措施是,早晨出牧时,尤其是到豆科牧草较多的草地,要注意有无露水,如果草地露水多,要推迟出牧时间。若已发生膨胀,要牵回病牛,抬高头位,灌以醋或酸汤或松节油,并按摩左腹部。病情严重的,要采取放气措施。

(三)皱胃异位

皱胃即真胃。皱胃异位是母牛分娩后皱胃的位置发生移动,位移过大,阻碍饲料通过。病因是泌乳期喂的精料过多,分娩时并发此症。患病母牛除不吃食外,粪便少,呈糊状。预防措施是,在干奶阶段,每天的干草喂量不得少于 3 千克,不能喂草粉,更不能饲喂过量细粉精料,肥胖的牛更应如此。

(四)产褥热

产褥热是分娩时发生的一种病。原因是血中含钙量突然短缺所致。患病母牛身体摇摆不定,起立困难,卧倒后无法站立,头转向胁部。延迟治疗会导致死亡。高产奶牛更容易出现。直接补钙,效果不佳。应补充复合盐类注射液。预防措施是,在干奶期内临产前 7~10 天给母牛饲喂高磷日粮,钙、磷比为 3:2 或 1:1。

(五)酮 病

酮病发生的原因是:干奶期喂料过多,使牛肥胖,分娩后又不敢加料,产后 2~6 周,进入泌乳高峰期,牛体内贮备的碳水化合物动用过速而引起代谢障碍。病母牛起初拒食谷物，随后拒食青贮，最后拒食干草，日益消瘦，产奶量迅速下降。预防措施是，在产犊后2周进行尿检，对膘情好的牛和高产牛，产后要逐渐增加精料喂量，并辅以干草和青贮。

(六)食管梗塞

牛的食管被食物堵住。一般是胡萝卜、甜菜与红薯等块根、块茎较大，未切细，而牛贪食，未经咀嚼即吞咽，或采食时突然受惊所致。病牛停止采食，头抬起，不安，流涎，饮食废绝，多并发瘤胃臌胀。颈部常能摸到梗塞物。预防措施是，块茎、块根料要切细，每次给料时不要先给块根，早晨尤应注意。遇到这种病要请兽医治疗。

(七)前胃弛缓

牛长期食入低质饲料或糟粕，用量过大或突然更换饲料种类。有的是酮病、创伤性网胃(蜂巢胃)炎、瘫痪、心包炎和巴氏杆菌病等的继发症。病牛体温正常，脉搏不过快，精神沉郁，目光无神，步态缓慢。预防措施是，不要为追求高产而片面增喂精料，防止喂变质、霉烂的草料。对病牛要调整瘤胃酸碱度，并请兽医诊治。

(八)创伤性心包炎

由尖锐的异物刺穿胃壁，伤及心包，引起心包化脓、增生、发炎的病症。病牛无食欲，反刍停止，痛苦，产奶量下降，粪便干且呈黑色;出现败血性腹泻时排黑色稀粪。被毛粗而直立，无光泽。肘头外展，颈静脉怒张，体温高达40℃～41℃，心跳快，每分钟达100～130次。第一、第二心音模糊不清，心包体积增大,叩诊浊音界扩大。病初期可听到心区拍水音和摩擦音,后期摩擦音消失。预防措施是,要用磁铁盘做精料检查器。对切短的干草、秸秆要用磁铁棒吸取过。用铁丝打捆的要捡净切断的铁丝。定期检查铡草机的刀片和其他部件是否被打成碎片。此病治疗手术费昂贵,如用其他非手术疗法无效时,病牛宜尽早淘汰。

(九)乳 房 炎

乳房炎是奶牛最常见的一种疾病。分临床型和隐性乳房炎两种。临床型乳房炎造成产乳量下降,炎症奶废弃。

隐性乳房炎流行面广,是临床型乳房炎的 15～40 倍。产乳量降低 4%～10%。乳的品质明显下降,乳糖、乳脂、乳钙减少,乳蛋白升高、变性,钠和氯增多。隐性乳房炎是临床型乳房炎发生的基础,奶牛群中发病牛数比健康牛多 2～3 倍。牛场因乳房炎造成的经济损失巨大,难以估计。

1. 病　因

(1)病原微生物感染　病原微生物由乳头管口侵入是乳房炎发生的主要原因。主要的病原菌是无乳链球菌、停乳链球菌、乳房链球菌、金黄色葡萄球菌、大肠杆菌,以及病毒、真菌和支原体(霉形体)等。

(2)饲养管理不当　常见有奶牛场环境卫生差,运动场潮湿泥泞,粪、尿、污水淤积,不及时清除;未严格执行挤奶操作规程,清洗乳房水不清洁,更换不及时;挤奶时过度挤压乳头,挤奶机器不配套,抽吸时间过长,乳房及乳头外伤以及挤奶员技术不熟练等。

(3)毒素的吸收　如饲料中毒、胃肠疾病、胎衣不下、子宫内膜炎、结核病和布鲁氏菌病时,由于毒素的吸收和病原菌转移,皆可引起乳房炎。

2.诊断要点

(1)流行特点　乳房炎全年皆有发生。从每年6月份开始,以7~9月份为发病高峰期,约占全年发病的44%,呈现出明显的季节性。

乳房炎发生的泌乳月份以泌乳初期和停乳时为多。

(2)临床型乳房炎　急性病例的特征是乳房发红、肿胀、变硬、疼痛,乳汁异常,奶量减少。体温升高至40℃以上,食欲减退或废绝,脉搏增速,脱水,精神沉郁。亚急性病例,乳汁呈水样,含絮片和凝块。乳房轻度发热、肿胀,最后乳房萎缩,成"瞎乳头"。

(3)隐性乳房炎　其特征是乳房和乳汁无肉眼可见异常,然而乳汁在理化性质、细菌学上发生明显变化,pH值在7以上,呈偏碱性,乳内含奶块、絮状物与纤维,氯化钠含量增加至0.14%以上。体细胞数升高至50万个/毫升以上,细菌数和电导值增加。

3.防治措施

(1)治　疗

①消炎,抑菌,防止败血症　青霉素80万单位,蒸馏水50毫升,每日于挤奶后由乳头内注入。青霉素300万单位,或四环素30万单位,静脉或肌内注射,每日2次。

②全身疗法　对于重症病牛可用葡萄糖生理盐水1 000~1 500毫升,25%葡萄糖液500毫升,维生素C和B族维生素各适量,静脉注射,每日2次。为了防止酸中毒,可用5%碳酸氢钠液500毫升,1次静脉注射。

(2)预　防

①加强挤奶卫生,保持环境和牛体清洁卫生　运动场要

干燥,粪便及时清除;严格执行挤奶操作规程,洗乳房水要清洁、要勤换;挤奶机要及时清刷。目前,有的牛场采用"2次药浴,1次纸巾干擦"的方法,即先用药液浸泡乳头,然后用纸巾干擦,再上机挤奶。此法在生产中应用收到较好效果。

②乳头药浴　每次挤奶后1分钟内,应将乳头在盛有4%次氯酸钠、0.3%～0.5%洗必泰,或0.5%～1%碘伏的药浴杯内浸泡0.5分钟。每天、每班坚持进行,不能时用时停。

③干奶期预防　泌乳期末,每头母牛的所有乳区都要用抗生素进行治疗。药液注入前,要清洁乳头,乳头末端不能有感染。

④淘汰慢性乳房炎病牛　这些病牛不仅奶产量低,而且从乳中不断排出病原微生物,已成为传染源,故应淘汰这类病牛。

第八章　肉牛的饲养

肉牛肥育效果如何,关键在于犊牛饲养。养僵了的犊牛很难获得理想的日增重。我国肉用犊牛的主要来源是欧洲大型牛与黄牛的杂交种,还有相当一部分荷斯坦牛公犊。尽管地方良种黄牛公犊也是很好的牛源,但商品效益低。现重点介绍改良牛犊的饲养方法,以及饲料对各龄牛的肥育效果。

一、犊牛的哺育

从我国养牛的物质条件来看,饲养肉牛最好是早春产犊。在犊牛能大量自由采食时,正遇上青草旺季,这样可降低成本,提高饲料报酬。

在奶牛饲养一章里关于犊牛哺育问题的叙述,大部分内容适用于肉用犊牛。这里只强调一下肉用犊牛哺育中的几个主要环节。

(一)初乳和代乳

奶牛场淘汰的公犊,出生后单独集中在一处等候出售,根本不给喂食。所以,农户从奶牛场购买尚未喂过初乳的公犊饲养,其效益是比较低的,死亡率比较高。如果能同时买回初乳或贮存的酸初乳,作为初生犊的饲料,效果会很好。或是在培养肉犊场里兼养改良母牛,能够及时提供初乳或贮存的酸初乳,犊牛的成活率就会大为提高。

发酵初乳比较粘稠,可用温水稀释调匀后饲喂。发酵的酸初乳对较大的犊牛也有保健作用,若有更多的酸初乳可以代替全奶饲喂,一般日增重可保持在 500 克以上。

在幼犊既得不到初乳又得不到酸初乳的情况下,如果用一般奶粉哺犊时,补喂维生素 A、维生素 D 和维生素 E 是十分必要的。尤其是喂脱脂奶粉时,更有必要补喂。

对于肉用犊牛,如喂代乳粉,要及时饮用温盐水。饮用0.1%的食盐水可以促进消化,防止下痢。喂优质代乳粉虽然会提高一些成本,但从生长快、死亡少的效果来看还是划得来的。

(二)强化生长的犊牛精料配方

犊牛在满月或 40~50 日龄起可以喂精料,减少喂奶。尤其是青草季节,此时犊牛已学会采青。精料可选用下列配方:玉米粉 42%,麸皮 25%,豆饼 15%,干甜菜渣 15%,磷酸钙

0.3%,食盐 0.2%,鱼粉 2.5%。至 6 月龄每头犊牛约需 150
千克这样的配合料。

此外,优质干草是犊牛生长发育良好的保证,苜蓿或其他
豆科干草尤其理想,1 天按 3 千克干草喂牛犊,加上精料,能
达到 0.7 千克以上的日增重,从而达到 6 月龄的正常体重。

(三)生产白牛肉犊牛的哺育

白牛肉是指专用幼犊生产的高档牛肉,饲料是全奶。它
要求在 3 月龄前达到 100 千克体重,14~16 周龄胴体重达到
95~125 千克。因此,需要饲喂强化的代乳料。其蛋白质含
量 15%左右。大型牛种的犊牛在 3 月龄前平均日增重必须
达 0.7 千克。目前我国只有大型外血牛种才能达到这种增长
速度。饲养上用带仔哺育和人工强化哺乳法。这种生产,目
前还不可能普及,但随着国际旅游业的兴起,发展白牛肉的生
产已为期不远了。

二、青年牛的肥育

青年牛肥育,是我国肉牛生产的主要方式。青年牛在不
同年龄阶段都可以投入肥育。肥育期间可采用各种类型的饲
料日粮配方,在各类自然和社会生产条件下实施。从用料较
多到十分省料的肥育方案,均可建立成本低、效果好和生产优
质牛肉的体系。从生产白牛肉的阶段起,到 600 千克的活重
为止,一般的饲料配比见表 8-1。

表 8-1　肥育牛不同体重阶段的日粮配比参照表 　(单位:千克)

饲料种类	体 重 范 围				
	80～160	161～280	281～410	411～510	511～600
豆饼粉	2.6	1.2	1.0	1.0	1.0
谷实类	1.5	0.8	1.5	1.5～1.8	2.0～2.5
青贮玉米	8.0	12～15	16～20	20～23	21～23
干草	0.5	—	—	—	—
矿物质饲料	—	0.10	0.10	0.10	0.10

在表 8-1 的精料(包括豆饼粉和谷实类)中,含粗蛋白质 18%～22%,粗脂肪 4%～5%,粗纤维 6%～8%,碳水化合物 60%～65%;矿物质中含钙 20%,钠 8%～10%,磷 5%～8%。

(一)谷实饲料肥育法

谷实饲料肥育法是一种强化肥育的方法,要求完全舍饲,使牛在不到 1 周岁时活重达到 400 千克以上,平均日增重达 1 千克以上。要达到这个指标,可在 1.5～2 个月龄时断奶,喂给含可消化粗蛋白质 17%的混合精料日粮,使犊牛在近 12 周龄时体重达到 110 千克。之后,可用含可消化粗蛋白质 14%的混合料,喂到 6～7 月龄时,体重达 250 千克。然后可消化粗蛋白质再降到 11.2%,使之在接近 12 月龄时体重达 400 千克以上,公犊甚至可达 450 千克。谷实强化肥育的精料报酬见表 8-2。

表 8-2　谷实强化肥育的精料报酬

阶　段	日增重(千克)		每千克增重需混合料(千克)	
	公　犊	阉牛犊	公　犊	阉牛犊
5 周龄前	0.45	0.45	—	—
6 周至 3 月龄	1.00	0.90	2.7	2.8
3～6 月龄	1.30	1.20	4.0	4.3
6 月龄至屠宰龄	1.40	1.30	6.1	6.6

　　用谷实类精料强化催肥法,每千克增重需 4～6 千克精料,原由粗料提供的营养改为谷物(如大麦或玉米)和高蛋白质精料(如豆饼类)。典型试验和生产总结证明,如果用糟渣料和尿素、矿物质等为主的日粮,仅耗用不到 3 千克的精料便可增重 1 千克。因此,谷实催肥法只可短期采用,以弥补粗料催肥法的不足。

　　从品种上考虑,要达到这种高效的肥育效果,必须是大型牛种及其改良种,一般黄牛品种是无法达到的。

　　下面一些代用品可供选用。

　　1. 尿素代替蛋白质饲料　牛的瘤胃微生物能利用游离氨合成蛋白质,所以饲料中添加尿素可以代替一部分蛋白质。添加时应掌握以下原则。

　　第一,只能在瘤胃功能成熟后添加。按牛龄估算应在出生 3.5 个月以后。实践中多按体重估算,一般牛要求体重 200千克,大型牛则要达到 250 千克。过早添加会引起尿素中毒。

　　第二,不得空腹喂,要搭配精料。必须与精料搭配,尤其是纯放牧牛,不得空腹喂尿素。

　　第三,精料要低蛋白质。精料蛋白质含量必须低于12%。如超过 14%,则加尿素不起作用。

尿素喂量一般占饲料总量1%,成年牛可喂100克,最多不超过200克。

2. **块根、块茎代替部分谷实料** 按干物质计算,块根与相应谷实所含代谢能相等,而块根干物质单产要高得多,成本低。甜菜、胡萝卜、芜菁和马铃薯都是很好的代用料。一般来说,1岁以内、体重不到250千克的牛,最多只能用块根饲料代替一半精料。体重250千克以上才可大部分或全部用块根代替精料。根据试验,日增重1千克的牛,屠宰重达400千克时,需要1 500千克精料,可以用4吨块根代替1/3精料。因为全部用块根代替精料,要增加管理费用。另外,还得调剂其他营养物质。所以,实践中用得不多。

3. **稿秆代替部分谷实料** 用较低廉的粗料代替精料可节省精料,降低生产成本。尤其是用干草粉和谷糠秕壳可收到较好的效果。一般体重达到220千克以上的肥育牛可用粗料代替部分精料,但不宜过多,以15%比较可靠。粗料比例高时,将会降低日增重,延长肥育期,影响肉的嫩度。

用稿秆代替精料,虽然不适于生产档次很高的牛肉,但在国内销售无大影响。目前推行的碱化秸秆、尿素化麦秸和氨化粗料都是可行的。稿秆粉碎后代替精料还应加入必要的矿物质、维生素。若加入饲料胶合剂,压成颗粒饲料,效果更好。值得注意的是,稿秆粉碎前必须清除尘土,才能保证加工成质量较好的代用料。

(二)粗料为主的肥育法

以专门生产的粗料催肥,与上面所说的粗料代替部分精料是不同的。这里所说的粗料是指本地生产的饲料,如玉米青贮、多年生和一年生牧草、各种作物的副产品。其中玉米青贮是最主要的类型。

1. **玉米青贮为主的日粮** 以玉米青贮作为肥育牛日粮的主要成分,不但适合于青年牛的催肥,也适用于成年牛的催肥。下面提供特定体重组的饲料配方,见表8-3。

表8-3 青年牛催肥用的日粮配方 (单位:千克)

饲　　料	一阶段(30天)	二阶段(30天)	三阶段(30天)
玉米青贮	30	30	25
干　草	5	5	5
混合精料	0.5	1.0	2.0
食　盐	0.03	0.03	0.03
矿物质	0.04	0.04	0.04

注:矿物质可以是磷酸钙或碳酸钙,肥育期90天

表8-3是一组体重为300～350千克、日增重为1千克的日粮配方。玉米在蜡熟期刈割贮存。

如果当地有糖蜜饲喂,则玉米青贮的使用比例还可提高。下面有玉米青贮占日粮(以干物质计)比例为70%(配方1)、60%(配方2)和50%(配方3)的配方,见表8-4。在80天左右的肥育期,平均日增重都可达到1千克左右。

表8-4 不同玉米青贮比例的日粮 (单位:千克)

饲　　料	配方1	配方2	配方3
玉米青贮	36	31	25
干　草	—	1.7	3.3
混合精料	2.0	2.0	2.0
糖　蜜	0.8	0.8	0.8
食　盐	0.03	0.03	0.03
矿物质	0.04	0.04	0.04
每千克增重所需的饲料量	8.5	8.2	7.3

注:玉米青贮干物质含量为25%

由于玉米青贮在日粮中的份量较大，在饲喂中要从每天10千克开始，经1周多的时间逐步达到计划的定量。以上3个配方的日粮，以配方3的饲料报酬为最好。其条件是要有品质良好的干草，如苜蓿干草或优质的禾本科干草。增重的高低还取决于混合精料中豆饼的比例，如精料中豆饼占到一半以上，日增重可达1.2千克以上。日粮中的豆饼可用棉籽饼、菜籽饼或其他饼粕代替。

青贮玉米是高能饲料，在华北地区玉米青贮干物质含量在25%左右。如果每667米^{2}生产青贮在6 000千克左右，大约只要2 000米^2(3亩)土地就可供1头肥育牛的需要，使肥育终重达到500千克。这种高日增重要求有大量的蛋白质，而玉米青贮的蛋白质含量不过2%，所以必须搭配1.5千克以上的混合精料。

2. **干草为主的日粮**　理论上这种日粮是可行的，但必须是在能生产干草的地区。所用干草一定是优质的，而且只适用于秋季，那时已结束了夏牧，并且可以贮存大量的干草，夏牧之后可用干草催肥。具体方法是：供应狐尾草、冰草或黑麦草等优质干草，随意采食，1天要喂12千克。若另加4千克玉米粉就有可能使日增重达到800克，其中70%的牛具上等膘。

牧草的质量对肥育牛的增重起着关键的作用。下面的例子是用体重为200～230千克的阉牛肥育，所用鸭茅草加红三叶草，含蛋白质约16%，消化率达60%～65%，而狐尾干草只含7%～8%的蛋白质，大约50%的消化率；有的组针对狐尾草营养成分低，补给不同的精料。不同饲料对肉牛增重效果的比较见表8-5。

表 8-5 不同饲料对肉牛增重效果的比较

项　　目	鸭茅草 + 红三叶	狐尾草	狐尾草 + 0.7千克大豆	狐尾草 + 1.8千克玉米	狐尾草 + 0.4 千克大豆 + 0.4千克玉米
牛头数	18	19	19	19	19
每日喂干草(千克)	8.8	5.7	5.7	4.6	4.9
130天总增重(千克)	188	42	106	116	162
平均日增重(千克)	1.45	0.32	0.82	0.89	1.25

第一组是鸭茅草加豆科牧草红三叶,效果最好;第五组狐尾草加大豆和玉米的效果居次;第二组单纯的狐尾草日增重极不理想;第三组、第四组单用干草加大豆或玉米的喂法,也得不到最佳肥育效果。

表 8-5 的试验,在珀度试验站第二年连续试验时,单一的狐尾草组增重为零,相继 99 天没有收效,可见牧草质量的重要性。豆科和禾本科混合干草可以起到替代精料的效果,这在我国具有广泛的实用价值。

三、成年牛的肥育

用青贮日粮喂成年牛可期望获得 1.2 千克以上的日增重。对于大型牛或我国地方良种犍牛,可从 400 千克体重开始催肥。其日粮配方见表 8-6。

表 8-6 成年牛青贮为主的日粮配方 (单位:千克)

饲　料	一 阶 段	二 阶 段	三 阶 段
玉米青贮	45	40	40
干　草	4	4	4

饲　料	一 阶 段	二 阶 段	三 阶 段
麦　秸	4	4	4
混合精料	—	1.5	2.0
食　盐	0.04	0.04	0.04
矿物质	0.05	0.05	0.05

注：矿物质可以是碳酸氢钙等

　　用这样的日粮,玉米青贮的用量极大,瘤胃的消化功能必须持久地维持正常,除了开始催肥时青贮的喂量要逐步增加外,其他日粮成分也要注意调节,要重视干草和麦秸的柔软性。玉米青贮不能是简单地铡短,而要将玉米秸的节结压碎,茎和叶撕成碎片,保证牛的采食量,才能获得预期的肥育效果。

　　以上这些配方都是比较典型的。粗料的加工质量达不到要求时,必须增加精料的饲喂量,或增加粗料的种类。因此,提高加工质量,才能达到预期的日增重效果。

四、不同体重肉牛的分组肥育

　　按不同体重来组织肉牛的肥育,具有很大的可操作性。即使不太了解购入架子牛年龄的情况下,将购来的牛按体重分组,会比较好管理。

(一)300 千克以下肥育牛日粮配方

　　体重 300 千克以下肥育牛日粮配方见表 8-7。

表8-7　300千克以下肥育牛日粮配方

饲 料 名 称	配 方 比 例 （%）		
	配方 1	配方 2	配方 3
玉　米	15.0	18.0	10.0
饼粕类	13.5	14.5	12.0
全株玉米青贮	—	—	44.6
玉米秸黄贮	35.0	18.1	—
干玉米秸（或小麦秸、稻草等）	5.0	4.0	3.0
酒糟类	31.0	45.0	30.0
食　盐	0.5	0.4	0.4
头日干物质采食量(千克)	7.2	7.2	7.2
预期日增重（克）	900	900	900

（二)300～400千克肥育牛日粮配方

表8-8 的配方是最常用的。因为这一阶段的架子牛的牛源是较多的,也是肥育阶段促使牛只补偿生长能取得快长效果的阶段。一般可以在 3 个月左右的时间内催肥,粗料调制得好,可使牛多采食,以提高日增重。

表8-8　300～400千克肥育牛日粮配方

饲 料 名 称	配方比例(%)					
	配方 1	配方 2	配方 3	配方 4	配方 5	配方 6
玉　米	8.5	11.0	19.0	37.6	9.0	25.0
饼粕类	7.1	8.6	13.0	10.0	11.0	13.0
全株玉米青贮	—	—	—	—	51.0	37.5
玉米秸黄贮	36.0	25.0	17.6	19.0	—	—
稻草、小麦秸、玉米秸类	—	5.0	5.0	5.0	3.0	3.0

饲 料 名 称	配方比例(%)					
	配方 1	配方 2	配方 3	配方 4	配方 5	配方 6
酒糟类	48.0	50.0	45.0	28.0	25.6	21.1
食 盐	0.4	0.4	0.4	0.4	0.4	0.4
头日干物质采食量(千克)	8.5	8.5	8.5	8.5	8.5	8.5
预期日增重(克)	1100	1100	1100	1100	1100	1100

(三)400~500 千克肥育牛日粮配方

表 8-9 是肥育到后期阶段 400~500 千克的日粮配方。日粮中的能量成为主要成分。出栏牛膘情的好坏与售价密切相关,尤其在出栏前 10~15 天,其中的谷物类可以再增加一些。如果还想催得更肥一些,则可采用表 8-10 的日粮配方。

表 8-9　400~500 千克肥育牛日粮配方

饲 料 名 称	配方比例(%)			
	配方 1	配方 2	配方 3	配方 4
玉 米	18.0	22.5	39.0	16.0
饼粕类	22.0	28.0	9.0	6.6
全株玉米青贮	38.3	34.5	—	—
玉米秸黄贮	—	—	22.0	32.0
稻草(或玉米秸、小麦秸)	10.0	10.0	4.0	—
酒糟类	11.0	4.4	25.6	45.0
食 盐	0.7	0.6	0.4	0.4
头日干物质采食量(千克)	9.8	9.8	9.8	9.8
预期日增重(克)	1000	1000	1000	1000

(四)500千克以上肥育牛日粮配方

表8-10是生产高档牛肉的营养配方。用于肥育牛催肥改善肉质的最后阶段,日粮中加大了大麦粉的配比,以使肉质硬挺、大理石花纹红白分明。

表8-10　500千克以上肥育牛日粮配方

饲料名称	配方比例(%)			
	配方1	配方2	配方3	配方4
黄玉米	43.0	27.0	43.0	24.0
大麦粉	5.0	5.0	5.0	5.0
饼粕类	—	8.6	10.4	6.0
全株玉米青贮	39.0	—	—	34.6
玉米秸黄贮	—	19.0	17.2	—
玉米秸	—	6.0	5.8	9.0
苜蓿草粉	11.6	—	—	—
酒糟类	—	34.0	18.2	21.0
磷酸氢钙	1.0	—	—	—
食盐	0.4	0.4	0.4	0.4
头日干物质采食量(千克)	10.4	10.4	10.4	10.7
预期日增重(克)	1100	1100	1100	1100

五、放牧肥育

在良好的天然草场和人工草场放牧,不必加精料就可以达到理想的肥育效果。放牧肥育牛群的组织是十分重要的,最好的组群方法是各方面同质,即在性别、年龄、体重及膘情等方面要基本一致,否则就会影响催肥效果。如在阉牛群中放入母牛,则牛群不能安静。再如,阉牛比较适宜于远牧,如3~4千米以远。如果有犊牛混群,牧工就不能正常照看牛群。不同年龄的牛对植被的爱好有别,耐劳程度也不一样,老口牛采食能力较弱,所以应按年龄分群。8岁以上的牛要单独组群,4~8岁的可以合为一群。3岁以下的牛因发育程度不同,将体重相近的组成一群,效果较好。否则,体重大的牛还未吃饱,小的牛已卧下反刍了,管理很不方便。一个牛群内的体重差距不超过50千克,管理就容易了。膘情不同的牛食欲不同,采食的疲倦期不同,达到最佳膘情的时间也不同。所以,按膘情相似的牛组群也是提高效果的办法,这对提供批量的商品牛上市是重要的原则之一。群体大小,受很多因素左右,如草场特征、饮水源、植被质量、牛的年龄和放牧人员素质等。在土地平坦、植被丰厚、牧地宽阔的内蒙古、东北地区和新疆的草原,牛群可大到200~300头。如果放牧带较窄,水源较远,以100~150头为好。在山地、比较缓和的坡地,则只能在50头以下。坡地不太平缓或稍崎岖一些的地方,只能是几头一起放牧,或散放。

(一)体重大小相近组群的效果

据前苏联报道,自5月初开始到9月中旬的110~124天时间内进行划区轮牧,其中5月份和9月份每天放12~13个小时,6~8月份每天放牧15~16个小时,就近饮水3~4次,并给食盐块舔食,3种不同性别和年龄组的牛因组内体重的不同,增重的效果差别很明显(表8-11)。

表 8-11　体重不同牛群放牧增重效果比较

组　别	平均始重（千克）	平均终重（千克）	全期平均增重（千克）	增重效果比较（%）
一、1~2岁去势公犊				
体重近似组	165	293	128	100
体重差异大组	158	243	85	66
二、3岁以上母牛				
体重近似组	263	416	153	100
体重差异大组	280	373	93	61
三、5岁以上犍牛				
体重近似组	368	521	153	100
体重差异大组	371	463	92	60

从表 8-11 可以看出,体重差异大的放牧群肥育效果只有体重近似的 60%~66%。除了增重低以外,膘情也差。

肥育的好坏还表现在增重的快慢和膘情的等级,膘好的牛屠宰率高,优级肉比例高,牛肉价格好,总产值高。牛肉优质优价在我国市场已经体现出来了,对我国肉牛业是很好的促进。如果各种年龄和性别组内体重差异大的牛能增重 1 倍的话,体重近似的牛能增重 2 倍以上。所以,必须重视用体重近似的牛组群。

(二)连续肥育在生产牛肉上的重要性

我国有的地方养牛在越冬期往往不是增重,而是失重。一些采用半原始放牧方式的地区,甚至出现秋肥、冬瘦与春死的不正常现象。商品肉牛情况稍好,但养得较好的也不过能保持入冬前的膘情,这种情况下牛膘都很差,牛体疲乏,在转入夏牧后,头年生的牛犊很难在翌年秋季达到500千克的终重。如果结束越冬期前能使牛体重有所增加,对后期放牧肥育有良好的影响。有这样的报道:一组牛越冬期末增喂精料,体重自1月末的260千克到4月末达300千克左右;而另一组牛在同期内没补精料,只增重2千克左右。期末两组牛的膘情是前一组中等,后一组中下等。转入放牧前,两组体质差异还不是很大,但内在潜力明显不同。5月初转入牧场,每天放牧达14~15个小时,饮水充足,经100天的肥育后,前一组牛日增重达1 100克,而后一组牛只有790克。这说明越冬后期补喂少量精料在夏牧季节能取得良好的后续效应。因此,在越冬期末增喂精料是非常有意义的。

在我国的一些山区,凡有改良牛的地方,用连续肥育的方式可以在不到20月龄达到400千克左右的活重,从而降低肉牛饲养的成本。连续肥育法的增重效果至少要比放牧瘦牛提高25%,而分割肉的价格至少还要提高1/3以上。

(三)放牧肥育的注意事项

1. 春牧前的准备工作　放牧肥育宜从春天开始,以便获得较好的连续肥育效果。出牧前,要截除牛角,尤其是好斗的牛更要去角;修整牛蹄,越冬牛蹄变形的,更应及时修蹄;逐个编号,最好按牛的年龄、体重、性别、膘情分组。出牧前要驱虫,不要让带虫牛上牧场,排除传播的可能。并准备放牧日记,登记称重、草场被采食的程度、牛的食欲、疾病情况等。

2. 饮水及水源　正常的饮水是肥育的成功因素之一。牛1昼夜得不到充足的饮水,食欲、采食量、饲料利用率都会下降,自然增重速度也就降低,膘情变差。因此,必须保证充足的水源。供水的质量极其重要,清新的水可使肥育达到最好效果。水源不能常换,尤其应避免常换水质相差很大的水源。通常青草的含水量为80%,采食这种草1头成年牛1昼夜相当于得到40升水。如果夏天草质干燥,秋天牧草水分更低,牛的饮水量就大得多了。这里提供不同体重牛的饮水量,供参考(表8-12)。

表8-12 不同体重牛的饮水量

活重(千克)	通常的饮水量(升)	热天的饮水量(升)
200	30 ~ 40	45
300	40 ~ 50	60
400	50 ~ 60	70
≥500	60 ~ 70	80

最好1天饮水3~4次,炎热的天气增加到5次。但这取决于草的好坏和水源的距离。距离较远,1天2次也可以。为避免牛群污染水源,最好是饮完水后立即把牛群赶离水源。设置饮水槽是防止水源污染的好办法。饮水槽的大小要因牛而异。改良牛,每头育成牛要求槽长0.5~0.7米,成年牛0.8~1米;本地育成牛和成年牛分别为0.4~0.6米和0.6~0.8米。最好分批饮水,在牛群达50头以上时,更要组织好,以免拥挤和角斗。

(四)秋犊肥育的组织

我国农村和牧区养牛业多系季节繁殖,有相当一部分是母牛秋季产犊。秋犊出生后正值植被枯黄季节,牛开始掉膘,母牛奶水减少。犊牛从吮奶中得不到应有的营养需要,枯黄秋草又补充不了很多营养,以致生长不良,到翌年春季,发育迟滞,养成"僵牛",有的甚至永远赶不上翌年春季出生的犊牛。从肥育的角度看,秋犊的越冬期生长得如何,对翌年放牧期的生长有很大影响。越冬后的犊牛,小的体重才100多千克,大的可达250千克。因此,搞好冬秋饲养,对秋犊肥育非常重要。

肉用犊牛越冬后,能送入植被覆盖好,豆科牧草比例大,既有灌溉条件又有安全水源的草场,这对犊牛生长十分有利,只需补充少量能量饲料(禾本科谷实、糠麸等)和矿物质,便可安全度过放牧期。草场进入干枯期后,就要适量补充蛋白质和维生素A。放牧期间喂食不便,可以每1.5个月注射1次0.5万~1万单位维生素A,以保证犊牛健康成长。如果有良好的放牧条件,体重100~140千克的犊牛,在3个月的放牧肥育期,平均日增重可达1千克。体重在200千克左右的同样日龄的犊牛增重将更快,有可能达到1.3千克,这样大约5个多月就能达到400千克体重。而体重小的牛,在越冬后长到400千克比较困难,而且牛肉质量也不会太好。

六、最佳肥育期的选择

不同年龄的牛在肥育中要求的营养成分不同,最好的肥育年龄是1.5~2岁。此时是生长旺盛时期,生长能力比其他年龄高25%~50%。先进的肉牛业以生产2岁以内的肉牛较为合理。因此,早期肥育应成为牛肉生产的主要方向。

我国役用牛生产体系正在退出历史舞台,但经济开发较晚的地区老残牛的肥育还占相当比例,它的肥育对蛋白质的要求不高,这对习惯于饲养老龄牛和有使役需要的地区,依然是很好的牛肉资源。我国的传统养牛法也有很好的催肥配方。

至于有些牧区养牛者,仅为保持存栏头数而惜宰,以至许多已发育成熟的牛,每年夏秋长点膘,冬春又饿瘦了,往复循环,肉质变粗变老,既浪费牧草饲料,又浪费人力。这种做法,极不可取。

肥育期对皮重的影响。西门塔尔改良牛肥育到 18~20 月龄,具有上等膘,宰前体重不低于 360~400 千克时,生皮重量达到 16~20 千克的占 38.2%,21~25 千克的占 49.4%,26~30 千克的占 12.4%。而宰前体重达到 600 千克的犍牛,皮重可达 50 千克。

为给不同性别、年龄、体重的牛在各季节的肥育提供参考,现将肉用牛日粮营养需要量介绍如下(表 8-13)。

表 8-13　肉用牛的日粮营养需要量

(以风干料含干物质 90% 计算)

体重 (千克)	预期日增重 (千克)	喂量占体重 (%)	每头喂量 (千克)	可消化蛋白质 (千克)	可消化营养物 (千克)	钙 (克)	磷 (克)	胡萝卜素 (毫克)
育成母牛和阉牛(正常生长)								
200	0.8	3.0	6	0.45	3.50	22	17	26
300	0.7	2.7	8	0.45	4.25	20	17	40
400	0.6	2.4	9.5	0.45	4.75	18	17	53
500	0.5	2.1	10.5	0.45	5.25	17	17	66
公牛(中等强度的生长和维持)								
300	1.15	2.7	8	0.65	5.0	26	20	40
400	0.85	2.1	8.5	0.70	5.5	25	20	53
500	0.80	2.0	10	0.70	6.0	24	20	66
600	0.70	1.8	11	0.70	6.5	23	20	79
700	0.50	1.7	12	0.70	7.0	22	20	93
800	—	1.6	13	0.70	7.0	21	20	106
900	—	1.4	13	0.70	7.0	20	20	119

续表 8-13

体重 (千克)	预期日增重 (千克)	喂量占体重 (%)	每头喂量 (千克)	可消化蛋白质 (千克)	可消化营养物 (千克)	钙 (克)	磷 (克)	胡萝卜素 (毫克)
			冬季断奶犊牛					
200	0.5	2.8	5.5	0.35	3.0	18	13	26
250	0.5	2.6	6.5	0.40	3.5	18	13	33
300	0.5	2.5	7.5	0.40	4.0	18	13	40
			冬季满周岁犊牛					
300	0.50	2.7	6	0.40	4.0	18	13	40
350	0.50	2.4	8.5	0.40	4.25	18	13	46
400	0.35	2.3	9	0.40	4.5	18	13	53
450	0.25	2.0	9	0.40	4.5	18	13	60
		冬季妊娠的青年母牛(体重以入冬时为准,以全期平均日增重计)						
350	0.75	2.9	10	0.45	5.0	20	18	46
400	0.65	2.3	10	0.45	5.0	20	18	53
450	0.40	2.0	9	0.40	4.5	18	17	60
500	0.25	1.8	9	0.40	4.5	18	17	66
		冬季妊娠的成年母牛(体重以入冬时为准,以全期平均日增重计)						
400	0.75	2.8	11	0.5	5.5	24	20	53
450	0.50	2.2	10	0.45	5.0	20	18	60
500	0.2	1.8	9	0.45	4.5	18	17	66
550	0.1	1.6	9	0.4	4.5	18	17	73
600	—	1.5	9	0.4	4.5	18	17	79
			哺犊母牛(产犊后3~4个月)					
450~550	无	2.5~3.1	14	0.7	7.0	33	26	330

体重 （千克）	预期日 增重 （千克）	喂量占 体重 （%）	每 头 喂 量 （千克）	可消化 蛋白质 （千克）	可消化 营养物 （千克）	钙 （克）	磷 （克）	胡萝 卜素 （毫克）
			周岁短期肥育牛					
200	1.0	3	6	0.55	4.0	22	17	26
250	1.0	2.8	7	0.60	4.75	22	18	33
300	1.0	2.7	8	0.65	5.5	22	19	40
350	1.0	2.6	9	0.70	6.0	22	20	46
400	1.0	2.5	10	0.75	6.75	22	20	53
450	1.0	2.3	10.5	0.75	7.25	22	20	60
			周岁肥育牛					
300	1.1	3.0	9	0.65	5.75	22	19	40
350	1.1	3.0	10.5	0.70	6.75	22	20	46
400	1.1	2.8	11	0.75	7.00	22	21	53
450	1.1	2.7	12	0.80	7.75	22	22	60
500	1.1	2.6	13	0.85	8.50	22	22	66
550	1.1	2.4	13.5	0.85	8.75	22	22	73
			2 周岁肥育牛					
400	1.2	3.0	12	0.75	7.5	22	20	53
450	1.2	2.9	13	0.80	8.0	22	22	60
500	1.2	2.7	13.5	0.85	8.5	22	22	66
550	1.2	2.6	14.5	0.90	9.0	22	22	73
600	1.2	2.4	14.5	0.90	9.0	22	22	79

表8-13所列的营养需要量可供制定饲料日粮时参考。制定日粮时要注意饲料的合理搭配，除尽量以最小的饲料消耗量满足各类营养需要外，还要注意以下3点。

第一，无论是精料或粗料，蛋白质含量是饲料价值的决定因素。如果精料或粗料中含蛋白质高，饲养成本就低。饲喂豆科干草会节省大量的饼粕或豆类等蛋白质饲料，既少用精料,又能得到符合要求的肥育速度。

第二,日粮中往往忽略矿物质和维生素,这样会造成营养物质不足。如果选择饲料时注意用叶片完整的豆科粗饲料,注意用黄色的玉米,就会较少出现缺少矿物质和维生素的严重问题。

第三,要使肉牛生长得快,就得让它吃得多,饲料的可口性能左右采食量。如黑麦在营养成分上与其他谷实饲料差别不大,但是适口性不好。如果日粮中黑麦比例很大,肉牛的饲料消耗量减少,生长速度就会下降。

七、驱 虫

体内寄生虫有很大的危害。寄生虫不仅争夺宿主的营养,直接造成养料的消耗,寄生在肺、肝、脑与肌肉内还会出现病症。据调查,除长年舍饲、自繁自养的奶牛群寄生虫的危害较轻外,任何牛群都存在内寄生虫。放牧饲养的牛都有直接受到寄生虫感染的机会。各种饲养方法的肉牛,包括移地肥育的牛,受寄生虫危害都比奶牛重。

下面介绍几种常见寄生虫的驱虫方法。

(一)胃肠道蛔虫的治疗

用蝇毒磷治疗,每天按每100千克体重给0.2克计算,拌入精料内,连服6天为1个疗程。30天后再用该药治疗1个疗程。

(二)肺线虫和其他胃肠寄生虫的治疗

盐酸左旋咪唑是治疗寄生虫的广谱药物,对一般胃肠寄

生虫都有效,并能驱除肺部线虫。喂量按日粮干物质重的
0.1%～0.8%计算。噻苯咪唑可用于蛲虫、钩虫和蛔虫,用量
是每日每100千克体重10克。吩噻嗪可用于普通捻转胃虫
(血矛线虫)、小胃虫(棕色胃虫)、毛蠕虫、毛圆线虫、结节虫和
夏柏特线虫等,一般用量是20～50克/头·次,连续投药数日。

(三)牛皮蝇的防治

牛皮蝇是危害牛的肥育和牛皮质量的寄生虫,一般应将
它杀灭在幼虫阶段。如果幼虫转移至背部皮下,在牛背部出
现一块块的隆凸,则很难治疗,那时只能用镊子将它自皮囊中
取出,这已为时过晚。主要治疗药物是皮蝇磷,用药量是每日
每千克体重15～25毫克,连服6～7天;或每千克体重1次内
服110毫克。

寄生虫的种类很多,以上介绍的是较常见的。这些药一
般是能治多种寄生虫病的。由于牛的年龄和性别不同,使用
时要注意下列几点。

第一,以预防为目的,4～6月龄的犊牛,可投药物有盐酸
左旋咪唑、噻苯咪唑等。

第二,给空怀的母牛投药,应在配种前1个月最后投1次药。

第三,产犊后20天的母牛一般只能用蝇毒磷治疗。如果
牛奶是供人饮用,则泌乳期的母牛不能用咪唑类药物。

第四,移地肥育的牛,要在开始肥育前10天驱虫,以提高
效益。每1批牛要同时投药,并清除粪便,厩肥应经发酵处
理,即沤熟后使用。

第五,对集约化饲养或高密度饲养的牛群,驱虫工作可以
每隔1个月重复1次。从外地购入的牛批次不齐时,要安排
同期投药,提高肥育效果。

第六,从放牧转入舍饲期的牛,要普遍驱虫。

兽药由于生产的批次不同,药剂的药力不尽相同。本书所介绍的投药量仅供参考,详细的办法要参考兽医专著,尤其是用药的剂量要按照各批药剂的说明书使用。

第九章 挤 奶

从乳房中挤出的奶来自两个方面:一是贮留在乳房中的;另一种是一面挤奶,一面分泌的。如果挤奶不得法,乳房中贮留的奶和挤奶时所分泌的奶就不可能全部挤出。只有掌握正确的挤奶方式,符合泌乳的生理,才能取得最佳的泌乳效果。这里先介绍乳房泌乳的基本生理,再介绍人工挤奶和机器挤奶的要求。

一、牛的乳房结构和排乳过程

(一)乳房结构

牛的乳房由 4 个彼此独立的乳区组成。前后乳区被 1 层较薄的膜分开,左右被较厚的隔膜分开。每个乳区都由许多分泌腺泡叶组成。这些腺泡叶就是乳汁分泌的地方,许多腺泡与复杂的导管系统相连,分泌出来的奶通过导管系统进入乳池,然后到达乳头。乳房中的腺泡、导管系统、循环系统以及其他组织都是由结缔组织支持和分隔的。如果 1 个乳房有许多结缔组织,体积可能很大,但其中的分泌部分却很少。因此,仅从乳房的外观是看不出产奶量高低的。如果挤奶后乳房收缩得很瘪而且很松软,就表明其中的分泌组织比例较大。

在两次挤奶之间,腺泡内的分泌细胞一滴滴地分泌乳汁,并排入腺泡腔中,使其充满、膨胀。每个这样的腺泡被几个纤维群(肌上皮细胞)包围着,受到刺激时,这些纤维有收缩能力,使乳汁排出。有节奏的挤奶动作能协同这些肌纤维将乳汁排尽。乳导管有分支,各分支都有收缩部,使乳汁不会一边分泌一边就向乳房下部或乳头流去,能在挤奶前将大量奶存留乳房上部。如果挤奶方式不对头,至少有20%以上的奶挤不出来,有时甚至更多。

(二)排乳过程

牛的乳头是囊状的空腔,乳头与乳房结合部有括约肌,当乳房中奶汁分泌到乳池时,括约肌是关闭的。它可防止细菌进入乳房败坏乳质。乳头壁上分布有大量的动脉和静脉血管,只有在挤奶时,乳头得到按摩,乳头括约肌才会开放,奶才能顺利通过。如果乳头端压力小或具真空条件,乳头又得不到按摩,血液就会大量地聚集在静脉中。只有通过按摩,才能使静脉中的血通过血管内的单向阀返回乳房;否则,乳头内空腔很小,会妨碍奶的流通。

乳汁的分泌除受血流影响外,神经和激素也影响泌乳。当母牛受到犊牛吮奶的动作或人的正确的挤奶操作时,放乳激素起作用,能促进正常放奶。如果母牛受到惊吓或粗暴对待,可使交感神经兴奋,肾上腺素排入血液,于是乳房中毛细血管收缩,也会阻碍奶的排出。

从以上介绍的泌乳生理可知正确的挤奶操作的重要性。另外,挤奶是一整套生产过程,要根据现场情况组织好挤奶工作,即使是只养几头奶牛的农户,也要参考别人的经验或以前自己养奶牛的经验,以提高挤奶的操作水平。

对于每个奶牛场,建议参考奶牛泌乳曲线在每年年初制定全场的产奶计划。按照各组牛的年龄、分娩时间、产奶量以及饲料供应等方面的情况,进行综合估算。

母牛所产的奶能否全部挤出,取决于3个方面的因素:母牛本身的状况;挤奶机械设备;挤奶的人或掌握挤奶机械的人在技术上的熟练程度。

二、挤奶技术

挤奶是饲养奶牛的一项很重要的技术工作。正确熟练掌握挤奶技术,能够充分发挥奶牛的产奶潜力,并可防止奶牛乳房炎的发生。

(一)乳房的擦洗和按摩

挤奶前擦洗乳房是不可缺少的工作。擦洗乳房不仅可以保证牛奶的清洁,而且可以通过温热和按摩刺激,加速乳房的血液循环,使乳汁充分地分泌和排出,以提高牛奶的产量和质量。

擦洗乳房要用50℃左右的温水,将毛巾蘸湿,带较多的水分,迅速洗涤1~2次。应先洗乳头孔和乳头,再洗乳房中沟,自下而上地擦洗整个乳房体。对体积较大的高产奶牛的乳房,可从右侧、后侧和左侧三面洗涤。然后将毛巾洗净拧干,再自上而下地用力按摩,擦干乳房。当乳房明显膨胀,内压增高,乳房静脉血管怒张,皮肤颜色变为粉红,乳头胀满紧张,乳头括约肌松弛,说明排乳反射已经开始,应当立即挤奶。

(二)挤奶方式

1. 手工挤奶 挤奶人员在牛体侧后 $1/3 \sim 1/2$ 处,与牛体纵轴呈 $50° \sim 60°$ 的夹角,坐在小板凳上,把奶桶夹在两腿之间,左膝在牛右后肢飞节前侧附近,两脚向侧方张开,即可开始挤奶。挤奶时不要低头、弓背、弯腰或将脚伸到牛体左侧,更不要吸烟和聊天。如果坐的姿势不正,身体重心不稳,或将奶桶放到牛床上挤奶,一旦牛体骚动或受惊踢人时,挤奶人员没有防卫准备,容易造成奶桶打翻或出现伤人事故。

手工挤奶主要有压榨法和滑下法两种手法。压榨法是将乳头纳在 4 指之内。乳头下端露出少许,先以拇指和食指握紧乳头基部,切断乳汁向乳池回流的去路,其他 3 指再依次挤压乳头壁,使乳汁由乳头孔流出,如此反复进行,直至把奶挤净。此法挤压均匀,牛感到舒适,手和乳头清洁干燥,不易污染牛奶。熟练挤奶员挤奶手臂端平,不上下摆动,完全靠手指和握力挤压,奶流粗,冲力大,挤奶速度快。但初学者因手的握力不够,手指容易疲劳。拇指与食指夹不紧乳头基部,乳汁发生倒流,造成挤不净的现象,但经过一段时间的锻炼,是完全可以掌握的。有的母牛乳头长得过短,不便于拳握压榨,可用滑下法挤奶。其手法是:用拇指和食指前部紧夹乳头基部,自上而下滑动,将牛奶撸出。这种方法虽然容易掌握,但易造成乳头变形和损伤。有时在挤奶过程中手指和乳头壁干涩,把手指放入奶桶中用奶汁来湿润,造成牛奶污染。为此,在正常情况下不宜使用。

在整个挤奶过程中,排乳速度并不是一致的。开始挤奶时,奶流速度慢,不宜快挤,以后乳流加快,挤奶后的 $2 \sim 3$ 分钟是奶流速度最快阶段,应当加快挤奶频率,要求每分钟达到

80～100次,以后随奶量减少,可适当减缓速度,使手挤速度与排乳反射强度相一致。当大部分奶挤出后,应采取半侧乳房按摩,按摩时两手由上而下、由外向里按压一侧两乳区,用力挤压5～6次,使乳汁流向乳池后继续挤奶。到挤奶快结束时,用两手分别按摩每个乳区,进行第三次按摩,从上向下按摩2～3次,用一手掐住乳区的乳池部,用另一手挤奶,分别将各乳区牛奶挤净。

为做好挤奶工作,要注意以下事项。

第一,擦洗乳房用水温不可低于40℃,水温过低会使牛感到不舒服,不能刺激乳房膨胀。然而,超过55℃的热水,不仅烫手,也会烫伤乳房而造成牛不安静。

第二,乳的分泌与奶牛神经系统和内分泌有密切关系,只有形成泌乳反射,才能将奶挤净,而这一过程是有时间性的。因此,从擦洗乳房开始直到挤奶结束,不得超过8～10分钟,挤奶一经开始,不得中途停顿。如时间拖得过长,排乳反射停止,再想挤净奶就很困难了。

第三,挤奶要保持环境安静,挤奶时精力要集中。禁止喧哗、声音嘈杂,不让生人站立在母牛附近指手画脚,以防受惊影响泌奶量。

第四,对有踢人恶癖的母牛,态度要温和,严禁拳打脚踢。挤奶时发觉牛要抬后腿时,可迅速用左手挡住。不得已时,再用绳将两后腿拴住,然后再行挤奶。

第五,严格执行作息时间,并以一定操作顺序进行作业,不可任意打乱或改变,防止引起母牛不安,造成挤奶困难,降低产奶量。

第六,每挤完1头奶牛,应单独称重,做好记录。并将牛奶通过2～4层纱布过滤,倒入贮奶桶内,放到低温处保存。

第七,挤奶员一定要戴上紧口圆帽,以防头发上污物落入奶桶。挤奶员的工作服(或普通的洁净衣服)应带松紧袖口,既操作方便,也可避免袖筒内皮屑等抖入奶桶。挤奶时要尽量避免突如其来的咳嗽、吐痰、擤鼻涕等动作,如能戴上口罩更好。挤奶员要经常修剪指甲,挤奶前双手最好在0.1%的漂白粉液中清洗。有病牛时,要先挤健康牛后挤病牛,并尽量挤净乳房内的余奶。挤奶完毕后用4%的碘甘油涂抹乳头,以防干裂及细菌感染。

2. 机器挤奶 使用挤奶机挤奶,要先选比较安静的母牛,并设法使它不惊慌。应当先让母牛看见挤奶桶,并听见脉动器工作的声音;让母牛熟悉之后,挤奶员还要抚摸它的乳房,趁母牛不注意的时候将挤奶杯套上。如果母牛感到不安,则应轻声召唤,使其安静。经过几分钟之后,母牛就能习惯。

使用挤奶机的方法是,挤奶员在洗涤室内准备好机器,用80℃热水洗涤奶桶,然后将挤奶机上的大胶皮管和真空导管连上,再拿住集乳器上的小钩将集乳器向下放,使挤奶杯浸入水中;打开真空开关,则经过挤奶杯将水吸入挤奶桶中。挤奶机经过洗涤,闭上开关,将水倒出,再行挤奶。

奶牛通常在清洗乳房后大约1分钟开始放乳,并持续2~4分钟。套挤奶机的适当时机是在清洗后的45秒至1分钟。

挤奶机的小单元奶杯,在变动压力情况下工作,开始其压力比乳房的压力略高,随后在乳头上出现真空或低压,使牛奶冲破乳头括约肌的封闭力,流入挤奶机内的低压区。挤奶节拍有低压、挤奶和间歇3个阶段,三者相互交替形成脉动。脉动使空气进到乳头杯外壳和软杯之间,让软杯瘪塌产生按摩作用,促进乳头的血液循环。

挤奶机的脉动频率是每分钟 45～55 次,不能超过 70 次。如果脉动频率不合适,可用脉动器上的调节器来调节。往往在流奶量最多的时候,听不到集乳器的声响,经过 1～2 分钟奶流慢了,才又从集奶器上发出声响。如果听不到声音,就是机器有了故障,需要检修。

调整挤奶机的脉动,产生向前和向下的挤奶动作,在确实调节好脉动后,就可防止乳头杯顺乳头蠕动上移,避免乳头杯损坏和乳头损伤。当牛奶排出后乳房内导管系统逐渐瘪塌,导致乳头和乳头窦之间的闭锁,于是使导管和腺体接连的组织下垂,将大量的奶依然滞留在小导管和乳腺泡内,但这些滞留着的牛奶可被乳头杯的连续搏动动作极有效地将奶挤出来。当乳房里的奶出尽了,即可轻轻地移去乳头杯,不要让空气通过。乳头杯一定要及时移去,避免挤过了头。

通常有 1 个或 2 个乳区先出尽奶,所以每个乳头杯要各自分别取下。要逐个地移开乳头杯,脱杯时可用一手指恰好压在乳头杯上缘的乳头上,这样乳头上的真空软管就会出现弯曲或脱出。动作一定要干净利落,漫不经心地拽脱软杯会使大量空气进入挤奶杯小室内,造成真空波动很大。用 4 区室挤奶机挤奶,可防止充满细菌的牛奶从乳头回流上去,或者使这种可能性降到最低限度。假如软杯不能恰如其分地逐个脱开,则要在脱掉奶杯前先关闭机子的真空阀,尤其是使用爪形挤奶机时更应注意。将卸下的乳头杯不要放在地上,以免沾染污物和细菌。乳房上的毛要经常修剪,以防污物进入乳头杯,也便于清洗乳房。

挤奶机挤奶所需时间,要根据奶牛品种及个体产奶量高低而定,但通常 1 头母牛要用 3～6 分钟。有些母牛的乳头括约肌过紧,排乳慢。如果 1 个挤奶员逐头挤奶会明显地延长挤奶的时间,但是同时操纵好 3 个以上机子,又会因照看不及而造成挤奶过度(挤过头)。每个操作者最多管理 2 ~ 3 个机子。挤奶过度(挤过头)不仅会引起母牛惊慌,而且会造成乳房的严重损伤,之后就可能出奶迟缓。

研究表明,每次挤奶后用一种有效的消毒剂或防腐液喷雾或蘸一下乳头,可减少 50% 的感染机会。大多数情况只能蘸到乳头下端的 2/3 处,而喷雾则能喷着整个乳头周围。不管用哪种办法都要注重使乳头底部末端彻底受药剂覆盖,以保护乳头的括约肌,因为那是细菌进入乳腺系统的通道。另外,蘸过药剂的乳头,更可避免苍蝇的干扰。

(三)挤奶次数与间隔时间

奶牛挤奶次数的多少,由牛的产奶量和劳动力条件所决定。总的来说,多次挤奶比少次挤奶要多产一些奶。因为乳腺泌乳速度在挤完奶之后的 2 ~ 5 个小时最快,以后随奶量增加乳腺组织内压增高,乳汁分泌速度减慢。当内压达到 4 ~ 5 千帕,乳的分泌活动几乎停止。高产奶牛如 18 ~ 24 个小时不挤奶,乳汁甚至会回收。所以,多次挤奶对高产奶牛的产奶效果更为明显。日挤 3 次比 2 次产奶量多 5% ~ 20%,日挤 4 次比 3 次多 5% ~ 10%。多次挤奶对高产奶牛减轻乳房下垂程度有利,而对日产奶 15 千克以下的奶牛,2 次挤奶便可。

关于挤奶间隔时间有均衡挤奶和不均衡挤奶两种制度。以日挤奶 3 次为例,均衡挤奶就是每隔 8 个小时挤 1 次。从乳汁合成角度看,似乎均衡挤奶更为合理。如果实行 2 次挤奶,比均衡挤奶更为实际。然而,由于多次挤奶,夜间休息较短,对牛对人都不利,而不均衡挤奶更符合奶牛的生物学特性。

(四)挤奶卫生

牛奶是营养丰富的食品,同时也是微生物良好的培养基。当牛奶中进入异物和微生物即被污染。在适宜温度下,奶中细菌每20分钟即可增殖1次,1个细菌1昼夜可变为687亿个之多。如开始挤奶时侵入牛奶中的细菌就很多,以后的数量就更惊人了。牛奶污染主要是在挤奶过程中发生的。为了减少牛奶被污染的机会,挤奶时应注意以下几个问题。

第一,对产奶母牛乳房的长毛应经常剪短,以减少污染牛奶的机会。

第二,挤奶人员要注意个人卫生。如修短指甲、挤奶前洗手、挤奶时穿工作服、戴口罩和帽子等。此外,挤奶员要定期进行健康检查,凡患有传染病的人,治愈前不应参加养牛工作,更不应当进行挤奶。

第三,在牛进入牛舍后和挤奶前,不要喂扬尘的干草,以减少空气污染。挤奶时喂给精料,可安定牛的情绪,便于挤奶操作。

第四,挤奶桶使用前应用冷水冲洗,使用后先用冷水洗刷,水温不得超过35℃,然后再用60℃~72℃的0.2%碳酸钠溶液或0.5%热碱水洗涤,最后再用清水洗净,把奶桶底部向上控出桶中余水,晾干备用。

第五,将先挤出的头2把奶弃掉,然后再向奶桶中挤奶。挤奶完毕后,要用4%次氯酸钠(钾)溶液浸蘸乳头消毒。

第六,每次挤奶时,应先挤健康牛,最后挤患乳房炎的病牛。挤奶顺序一经固定,不得轻易变动。

第七,挤出患有乳房炎的牛奶,应单独存放,不得装入健康牛的奶桶中。

三、挤奶间(厅)与乳品处理间

(一)挤奶间(厅)

挤奶间(厅)为奶牛场的重要组成部分,是保证牛奶卫生质量的房舍。按照其规模大小和机械化、自动化程度的不同,有盘式、侧列式、单列式、围列式、串联式和鱼骨式等多种类型(图9-1)。

挤奶间里设置挤奶台,使奶牛在台上,人员在坑道内可直立走动操作,免去人、牛同在平地站立,装卸挤奶机时需频繁起立下蹲之苦。操作安全方便,牛奶卫生也有保证。

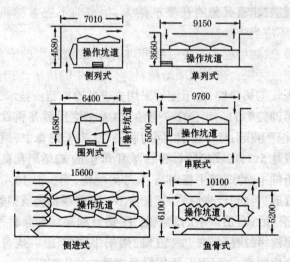

图9-1　几种类型挤奶间　(单位:毫米)

(仿秦志锐图)

(二)乳品处理间

奶牛场生产的牛奶需经过初步处理才可出场。乳品在处理间主要经过过滤、降温之后冷藏。因此,处理间内应装备制冷贮奶罐。乳品处理间的长度为 3 米,跨度为 5 米。

第十章　牛群的管理

在影响养牛业收益的诸因素中,管理是重要的因素之一。它既包括对牛和饲料作物生产的管理,也包括对劳动力和资金的管理。我国的奶牛业已有较先进的工艺,但生产工艺越先进,越要求有完整的管理方案。

一、牛群结构

现代的奶牛群,由于配种采用先进的冷冻精液技术,一般是不养种公牛的。小公牛一般在 10 月龄之前逐步淘汰。如果通常有 100 头母牛泌乳,同时将有 22 头干奶母牛,两者之比大概是 5:1.1,或泌乳母牛占成年母牛的 82%。在良好的饲养条件下,育成母牛在 14～16 月龄配种,奶牛群 10～26 月龄的育成牛和初产牛应为 53 头,1.5～10 月龄的公、母犊牛约为 29 头,1.5 月龄以下的幼犊为 18 头。如果饲养条件不佳,母牛配种年龄晚至 18～24 月龄,则奶牛群中 10～34 月龄的母牛会达到 88 头以上。奶牛群育成母牛的比例提高,一是增加饲料消耗,二是泌乳母牛比例降低;从早熟配种的 45% 下降到 40% 左右,减少了生产牛群的比例,使每头饲养牛的平均产奶量下降。因此,早熟繁殖的方法是降低成本、提高效益的管理措施。

在肉牛业上公牛要争取在 18～24 月龄肥育结束,成年母牛的比例可保持在 40%～45%,构成有自繁能力的群体。如果肉牛是早熟品种,又能在肉牛幼龄时提供架子牛,则可繁母牛的比例还可以提高,成为高效的生产群体。

二、牛舍、牛栏和配套设施

从当前养牛业发展水平来看,为更好地达到生产要求,针对不同年龄、性别牛的生理特点,提出一些基本要求,是十分必要的。有些牛场因为圈舍设计不合理,牛的生理要求受到抑制,即使多给饲料,生产性能还是得不到发挥。一个牛场的管理水平取决于平时的管理,也受到牛场设计的影响。下面提到的是现阶段养牛业发展中比较重要的方面和新的动向。

(一)犊 牛 舍

按过去习惯,初生至 6 月龄称为犊牛,但随着哺乳期的缩短,一些现代化牛场常以初生至 2 月龄为犊牛,2 月龄以上归入育成牛。在犊牛阶段需要喂奶或其代乳品。为了防止传染疾病,常进行单栏饲养或窝棚饲养。

单栏是三面用胶合板等材料围成的小栏(图 10-1-A),前面为栅栏或开有孔口的墙壁,饲槽即安在此墙壁外。单栏的长、宽、高分别为 2.1 米、1.2 米、1.2 米。栏内地面向后有 1/50 坡度并铺有垫草,后栏板与地面有垂直方向的间隙,栏外地面有明沟,以便将脏垫草和粪便清理至舍外。根据气候的不同,犊牛的单栏可建在封闭式牛舍或半封闭式牛舍内。我国长城以北地区采用封闭式牛舍时,冬季应适量供热,使室温不低于 7℃。

牛犊窝棚见图 10-1-B。它的前面敞开,两侧、后面和顶面皆有护板,长 2.44 米,宽 1.22 米,高 1.2 米。窝棚前面围有栅栏,前面的活动场地为 1.2 米 × 1.8 米,窝棚内饲养 1 头犊牛。这种窝棚可以设在室外,冬季也可设在通风良好的室内。

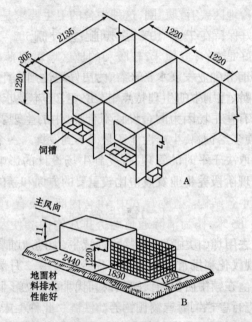

图 10-1 饲养犊牛的单栏和窝棚 (单位:毫米)

A. 犊牛单栏 B. 犊牛窝棚

(二)育成牛舍

育成牛舍要求简单,一般有棚舍即可。由于牛的体重增加,牛饲槽的踏脚处要设硬地面。如果牛群较大,为防止拥挤和互相顶撞,设颈枷可以在饲喂时避免事故发生。牛舍可采用单列联合敞开式的,也可采用双列式的。育成牛的牛床长1.4～1.5米,宽度0.8～0.9米,颈枷高1.4米;青年牛的牛床长1.5～1.6米,宽度1～1.1米,颈枷高1.5米。有放牧条件的地方,饮水处可设在牛舍以外。全舍饲的牛要在圈舍内设饮水池,或在运动场上有饮水槽。

在寒冷地区要有"暖"圈,这种牛舍的卫生要求是,冬天室内温度最好保持在7℃～10℃,夏天能比室外低5℃～7℃。墙的厚度最好是30～40厘米,较暖和的地区墙可以薄些(25厘米)。在严寒的北方,"人"字形屋顶加上顶棚的结构比较有利于防寒。同时屋顶的通气口依然十分必要,以免数九天全日舍饲的情况下造成牛舍内空气污浊,引发肺炎、疥癣等各类疾病。

(三)成年母牛舍

成年母牛舍在我国有规范的设计。一般有头对头位、尾对尾位的牛舍结构。在对尾式中,牛舍内部中央有1条通道,宽1.5～1.65米,作为清除通道两旁排尿沟内粪便及照料母牛时行走之用。中央通路两旁的排尿沟宽30～40厘米,微向暗沟倾斜,以于利排水。

牛床位于饲槽后面,有长形和短形两种。长形牛床适用于种公牛和高产牛,附有较长的活动铁链。此种牛床的长度,自饲槽后沿至排尿沟为1.95～2.25米,宽1.3～1.6米。短形牛床适用于一般母牛,附有短链,牛床长1.6～1.9米,宽1.1～1.25米。为了防止牛只相互侵占床地、便于挤奶及管理,可在牛床之间装钢管隔栏,其长度约为牛床地面长度的2/3。牛床地面应向粪沟有1/50的倾斜度。

牛床前面设有固定的水泥饲槽。槽底为圆形,最好用水磨石建造,表面光滑,以便清洁,经久耐用。饲槽净宽60～80厘米,槽面低于给饲通道5～10厘米,饲槽后沿高度为20～30厘米。每侧墙壁与饲槽之间有给饲通路,宽1.2～1.3米。

(四)配套设施

1. **饲料库与饲料调制室** 饲料调制室设在牛舍中央,饲料库靠近饲料调制室,以便车辆运输。

2. **青贮窖、草垛** 青贮窖可设在牛舍附近,以便取用,但必须防止牛舍和运动场的污水渗入窖内。草垛应设在距离房舍50米以外的背风向处。

3. **贮粪场及兽医室** 设在牛舍下风向,以避免疾病传播。牛场大门口应设门卫值班室和消毒池。

4. **运动场和凉棚** 奶牛必须有较宽敞的运动场,以保证其运动和休息。运动场的面积可参考表10-1。要求场地干燥,平坦,同时有一定的坡度(中央较高,向东、西、南三面倾斜)。除靠近牛舍的一边外,其他三边应有排水沟,以便于排除场内的积水,保证运动场的整洁和干燥。运动场四周还要建围栏。围栏可以用水泥柱或钢管做支柱,用钢筋将其串联在一起。

表10-1 牛的运动场面积

牛 别	面积(米²/头)	围栏高(米)
种公牛	15～25	1.6
成年乳牛	20～30	1.4
青年牛、育成牛	20	1.4

运动场要搭设遮荫、避雨的凉棚,或采用隔栏式的休息

棚,休息棚的形式近似单列开放式牛舍,床位长1.7米,宽1.2米。各床位之间有用钢管或木制的隔栏,栏高1米,宽1米,长1.6米。牛进入隔栏只能站立或下卧,不能转动,粪尿可排泄到栏外。这样既能保持牛床位干燥,也便于清扫粪便。这种休息棚可采用土质地面,以利于冬暖夏凉。

5.颈枷 颈枷的主要作用是将牛固定于牛床上,使之不能随意乱动,以免牛彼此之间干扰,影响采食和挤奶。颈枷应长短适宜,轻便,坚固,光滑,操作方便。

颈枷的种类很多,常见的主要有以下两种。

(1)直链式颈枷 我国采用直链式颈枷最为普遍。这种颈枷是由1条长139~150厘米的直行铁链和一条长50厘米的短铁链(或皮带)构成的。长铁链的下端固定在槽前的槽壁上,上端则挂在1条横木上。短铁链(或皮带)的两端用两个铁环穿在长链上,此短链能上下滑动。这种颈枷能使牛上下左右自由转动(图10-2)。

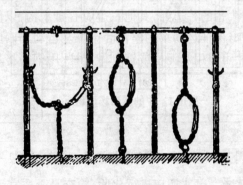

图10-2 直链式颈枷

(2)自锁颈枷 它是由2根直钢管与1根曲钢管组成的

长形颈枷。一直管与曲管为固定式,另一直管为活动式。活动直管下20厘米处通过页片连结在曲管上,并以螺钉为轴可左右移动。上部有个长20厘米、宽10厘米的U形铁环,铁环上有个能沿支架横梁移动的滑块。支架横梁上有个用12毫米钢筋做成的连杆,连杆可上下转动,焊有啮合滑块的球节。平时活动式直管斜躺在曲管上,牛采食时,依靠牛头的压力直管由倾斜变成垂直,并带动U形铁环的滑块与连杆上的球节啮合,牛颈自动锁定。当将连杆上下转动时,球节转向一边,即可释放全部乳牛。如果要单独拴系或释放某一头牛,用手拿起滑块即可(图10-3)。

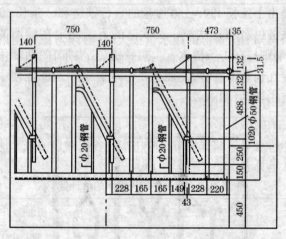

图10-3 成年母牛自锁颈枷详图 (单位:毫米)

6. **供水系统** 水源应进行化验,检查是否适宜于饮用以及矿物质含量。要保证提供足够流速的供水点。每25~40头牛应有1个水源或1个饮水罐。

水的供应对于奶牛场要比肉牛场更为重要,其需要量更大。各种类型奶用品种牛对水的需要量见表 10-2。

表 10-2　奶用牛的水消耗量

奶牛的类型	年龄或状况	耗水量(升/天)
大品种母牛	产奶量低的	60~75
大品种母牛	产奶量高的	105~130
较小品种母牛	每天产奶 10~15 千克	40~65
干奶母牛(大型)	怀孕 6~9 个月	40~60
荷斯坦育成母牛	18~24 月龄	25~40
荷斯坦育成母牛	12~18 月龄	23~26
荷斯坦育成母牛	5~12 月龄	15~20

当确知一个畜群的用水量很大时,必须考虑使用塔式或桶式贮水设备。在炎热的地方,要防止日光直晒水面,造成水温过高。用井水等温度较低的水有一定好处。为防冬季水源受冻,要有适当的保温措施。

对于奶用牛来讲,更大的需水量还在于挤奶操作的清洗过程和所有奶具及管道清洗等用水。各项操作的每天所需水的估计量见表 10-3。

表 10-3　奶用牛每天需水的估计量

清　洗　项　目	用水量(升)
人工清洗大型奶罐	120~190
自动化清洗大型奶罐	150~230
管道化挤奶间(4 机组的)	190~350
管道化挤奶间(8 机组的)	230~380
管道化挤奶间(16 机组的)	400~480
自动化等候间(60 头/小时,3 个喷头,喷雾 40 秒钟)	760

清 洗 项 目	用水量(升)
手工清洗 1 头母牛的乳房	1~1.9
30 个喷头清洗 60 头母牛(10 分钟)	4500~5000
冲洗挤奶间	150~300
冲洗乳品处理间	40~80
清洗其他零件	110

三、记 录

完善并准确的记录,是核算牛场的盈、亏并决定工作日程以及制定长远计划等的依据,也是对管理工作的估价。主管畜群的畜主或负责人,应该承担起组织记录的任务。兽医必须熟悉各项记录,并且将治疗或检查的原始资料填在常用的表格上。同样,配种员要将配种情况登记在记录本上。

(一)系谱记录

犊牛一出生就开始记录,终生保存。内容包括: 牛号、性别、初生重、出生日期、父本号和母本号。在谱系卡上还有明晰的毛色标记图和简单的体尺,如体高、体长、胸围、管围,各月龄体重,父本的综合评定等级,母本的最高产奶胎次、奶量和乳脂率等。在卡片的背后记录该牛各胎产犊和产奶的总结性信息。

(二)生产记录

肉用牛的增重记录非常重要。一般增重和体尺记录,是出生后按月称重,测量体尺,依序记录。另一种生产记录是测定肥育开始和结束的体重和体尺,之后计算出日增重。

奶用牛的生产记录以产奶量和乳脂含量为主。每头牛逐日记录早、中、晚各次的泌乳量;每2个月进行1次乳脂含量测定。通过生产记录综合分析,不仅能知道当日的牛奶和乳脂的产量,而且对每月、每年的总产量、饲料报酬和总盈利等,都可以计算出来。根据生产记录,可以编排出牛群生产水平的分等排列,供选择优秀个体、淘汰劣质个体参考。

各式生产记录表应根据本场生产需要,拟定记录项目,编制适用表格。

(三)繁殖记录

母牛繁殖记录的内容包括:干奶时间、产犊日期、预计发情日期、计划配种日期、配种30天以上准备妊娠检查的日期和妊娠检查结果等。为了提高繁殖率,记录要逐日进行,保持经常性的记录。其表格样式与举例见表10-4。

表10-4 母牛发情及配种记录

牛 号	产犊日期	计划配种日期	首次发情日期	再次发情日期	与配公牛配种日期	发情间隔天数
84	2000.12.14	2001.2.14	2001.2.22		H-102 2001.2.23	
171	2000.12.16	2001.2.12	2001.1.26	2001.2.17	H-104 2001.2.18	22
91	2001.1.1	2001.3.2	2001.1.30			出售
3	2001.1.2	2001.3.3	2001.2.15	2001.3.7	H-102 2001.3.10	20

在繁殖方面还需要记录以下内容,以便统计全场的繁殖

水平和安排对策。

其一,配种后 30 天进行妊娠检查,所有牛号、日期与结果都要记录。

其二,经过诊断,确定妊娠的头数和空怀的头数。

其三,各牛最后 1 次配种的日期及预产期。

其四,要记录各牛从产犊到妊娠的空怀天数。空怀天数超过 100 天的,就是不正常的牛,需要密切注意或采取措施。

其五,各牛的初产年龄,各胎次妊娠天数。

其六,全场平均泌乳期天数,平均空怀天数。

其七,每次妊娠的实际配种次数。

其八,泌乳牛离群的各种原因所占的百分率,包括低产淘汰的,因病不能继续繁殖而淘汰的,出售但泌乳正常的,疾病或损伤的,以及死亡的等几类。

群体平均产奶量达到 6 000 千克以上的生产单位,还可以计算母牛产犊后 100 天以内受胎的牛数及占分娩牛的比例(后者称"百天母牛受胎率")。假若群内产犊母牛 100 天内全部妊娠,则其百天母牛受胎率为 100%。1 个母牛群的百天母牛受胎率很低时,全群的生产不会很好。

为做好繁殖工作,每 1 头列入配种计划的母牛都应追踪个体繁殖情况。这里推荐一种色卡制,可贴在墙上,作为工作依据。

在墙板上每头牛占 1 行,将不同的色卡放在相应的月份上,以表示各母牛所处的不同繁殖状态,由此可看到对各牛要采取什么措施。

色卡的示意内容如下。

黑色:表示这头母牛本月已产犊,已知尚未妊娠。

黄色:表示该母牛需要进行产后检查。如果生殖系统正常,则要注意观察发情。

红色:表示准备配种。若发现产后初发情,就准备配种,并将红卡放在下1次发情预计出现的日期。

蓝色:表示要进行妊娠检查。母牛配种后,将蓝卡放在要进行妊娠检查的月份,当确实证明已妊娠时可将红卡和黑卡取走。如果妊娠检查后对受胎的把握不大,则将红卡放在蓝卡后头预计下1次发情的月份。如果下1次检查证明妊娠,原蓝卡位置不变,红卡可取走。如果发情可以立即配种,则将蓝卡移到下一妊娠检查的月份。

绿色:表示该母牛要分娩。将绿卡放在预产月份,将黑、蓝、红卡全取掉。

饲养几头到20～30头母牛的农户,使用这种色卡繁殖追踪制度,可将繁殖效益提高到应有的水平。这种制度只需在每头可繁母牛号之后标出1～12月份的位置供挂色卡用。如绿色表示预产期,那么在绿色的前2个月也表示要干奶;如果墙上所钉的蓝卡很多,说明大量牛要做妊娠诊断,是要夺取高产的关键时期。

四、财务管理

近年来随着养牛业的迅速发展,使有的地区逐步进入正规的生产,对财务管理也有了一定的要求。有的地区虽处于起始阶段,然而对先进的管理都有着普遍的要求。这里要提到的不是具体的财务帐目,而是与生产技术有直接关系的财务管理知识,如牛奶收入、产犊收入、肥育牛收入、淘汰成年母牛收入,等等。饲料消耗,包括精料、粗料、矿物质类;牛群成本耗费,包括垫草、兽药、培育费和燃料、洗涤和杂项供应等;

还有的要计入固定成本,如折旧、利息、建筑维修,以及劳动报酬等。在改进了饲养管理、劳动管理、繁殖,控制了乳房炎和其他疾病后,其效益表现在以下几个方面。

第一,提高了各种管理效率,可使固定成本和可变成本的转化效率提高,即提高劳动生产效率和总收入。

第二,改进挤奶设备的保养和操作效率,可直接增加牛奶产量。

第三,每缩短1天空怀期,预期每头牛每天可多获得5~10元总收入。

第四,减少乳房炎和其他疾病,表示每头牛可提供最高的利润。

第五,利用优良品种,或选择良好的体型和健壮的个体,可成倍地增加纯收入。

保持牛群健康是高效益的基础。除常规的保健措施外,养牛人员还必须有防治传染病的常识,做到防患于未然,以免牛群遭受重大损失。